初级动物实验专业技术人员考试参考教材

李根平　陈振文　孙德明　郑振辉　主编

中国农业大学出版社
·北京·

内容提要

本书是动物实验专业技术人员经过考试获得初级证书的参考教材，全书共计 16 章，内容从实验动物的概念与分类及法规要求入手，分别介绍了动物实验前的准备，实验动物的抓取与保(固)定方法，消毒与灭菌技术，实验动物的注射方法、灌胃方法、采血方法及检测样品的采集方法，实验动物的麻醉技术、外科手术的基本技术、包扎法、实验动物安死术、动物实验后的观察和饲养管理，实验动物解剖技术、动物实验废弃物的无害化处理及动物实验的安全防护等。同时也可作为从事生命科学研究、生物制药及质量控制人员的有用的参考书。

图书在版编目(CIP)数据

初级动物实验专业技术人员考试参考教材/李根平，陈振文，孙德明，郑振辉主编.
—北京：中国农业大学出版社，2011.10(2022.9 重印)

ISBN 978-7-5655-0408-2

Ⅰ.①初…　Ⅱ.①李…②陈…③孙…④郑…　Ⅲ.①实验动物-人员考核-教材
Ⅳ.①Q95-33

中国版本图书馆 CIP 数据核字(2011)第 187507 号

书　名　初级动物实验专业技术人员考试参考教材
作　者　李根平　陈振文　孙德明　郑振辉　主编

策划编辑　张　程　孙　勇　宋俊果　　**责任编辑**　韩元凤
封面设计　郑　川　　**责任校对**　王晓凤　陈　莹
出版发行　中国农业大学出版社
社　址　北京市海淀区圆明园西路 2 号　　**邮政编码**　100193
电　话　发行部 010-62818525，8625　　读者服务部 010-62732336
编辑部 010-62732617，2618　　出　版　部 010-62733440
网　址　http://www.cau.edu.cn/caup　　**E-mail** cbsszs @ cau.edu.cn
经　销　新华书店
印　刷　北京溢漾印刷有限公司
版　次　2011 年 10 月第 1 版　　2022 年 9 月第 2 次印刷
规　格　185 mm×260 mm　　16 开本　　10 印张　　243 千字
定　价　40.00 元

编委会名单

前　　言

目前，快速发展的生命科学对实验动物人员队伍提出了更高要求，强化实验动物人员队伍建设，建立实验动物人员专业化职业化培训、考核和资格认定标准体系，是我国实验动物事业持续、健康、快速发展的基础和保障。根据《实验动物管理条例》对从业人员进行技术培训和考核的要求，参考国际现代实验动物人员职业化的发展趋势以及我国现代实验动物行业专业技术人员队伍建设的实际需要，根据“国家实验动物人员培训考核体系的建立”项目所制定的《实验动物人员分类分级标准》和《实验动物人员培训考核评估办法》，组织专家编写了《实验动物从业人员上岗培训教材》、《初级实验动物专业技术人员考试参考教材》、《中级实验动物专业技术人员考试参考教材》、《高级实验动物专业技术人员考试参考教材》、《初级动物实验专业技术人员考试参考教材》、《中级动物实验专业技术人员考试参考教材》和《高级动物实验专业技术人员考试参考教材》。

本书是《初级动物实验专业技术人员考试参考教材》，内容的编写依据《实验动物人员考核评估办法》中针对初级动物实验人员应知应会的有关动物实验理论知识和技能要求。全书共计 16 章，内容从实验动物的概念与分类及法规要求入手，分别介绍了动物实验前的准备，实验动物的抓取与保(固)定方法，消毒与灭菌技术，实验动物的注射方法、灌胃方法、采血方法及检测样品的采集方法，实验动物的麻醉技术、外科手术的基本技术、包扎法、实验动物安死术、动物实验后的观察和饲养管理，实验动物解剖技术、动物实验废弃物的无害化处理及动物实验的安全防护等。力求内容翔实、系统和新颖，强化与常规动物实验的联系。既有系统的理论知识又有详细的实验操作技术，同时也关注动物实验的发展趋势，强化动物实验中的动物福利。

本书是在全国实验动物专家学者鼎力协助下完成的，是集体劳动的结晶。首先要感谢众多编者和幕后支持者的辛勤劳动，更要感谢国家科技部的立项支持，感谢北京市科委和北京市实验动物管理办公室的支持与鼓励。感谢荣瑞章教授、赵继勋教授、赵德明教授、仇志华教授、陈华教授、卢胜明教授对本书内容提出的宝贵意见和精心修改。

本书是初级动物实验技术人员理论考试的参考教材。同时也可作为从事生命科学研究、生物制药及质量控制人员的参考书。

由于编者知识、水平和能力所限，加之实验动物科学发展迅速，新知识、新技术不断涌现，虽然编者已尽全力，但遗漏和错误在所难免，恳请同行专家和读者见谅，敬请不吝指正。

陈振文

2011 年 5 月

目　录

第一章　概　　论

回顾生命科学的发展史，不难发现，许多具有里程碑意义的研究成果都与动物实验科学紧密相关，可以这样说，对生命科学的不断探索为动物实验提供了丰富的内容和发展空间，而动物实验的不断进步又为解开众多生命之谜、推动生命科学的深入发展提供了支撑条件和研究手段。

动物实验作为生命科学研究的重要手段，伴随着生命科学的发展而发展起来。从公元前4世纪开始，通过解剖活体动物了解某些生命现象，以此类推人体的生理功能；到现在利用遗传工程技术，从分子水平上揭示人类生命现象的本质，使动物实验的方式和技术水平有了不断的改进和提高，生命科学研究的不断深入和拓展也赋予了动物实验新的形式和内容。

动物实验已成为了解人类自身、征服疾病、保护环境、推动社会进步和经济发展的重要手段之一。作为生命科学研究的载体，动物实验在今后整个科学发展中的地位及其所发挥的重要作用将是其他手段不可替代的。

第一节　动物实验的概念与分类

动物实验是开展医学科学研究、产品质量检验、教学工作等不可缺少的基本手段。但动物实验并不是一个随心所欲的简单过程，了解实验动物生物学特性和动物实验特点，了解动物实验的程序和步骤，经过精心设计和充分准备，以及对动物实验过程中可能出现的各种问题有足够的认识和应对措施，才能对实验结果进行正确的评估和描述，才可能获得科学的动物实验结果。

一、动物实验的概念

动物实验是以实验动物为载体进行科学实验，研究实验动物生物学特性、动物实验技术、动物实验过程中实验动物的反应以及发生发展规律，从而获取新知识、发现新规律的科学实践活动。

动物实验是以实验动物为载体而开展的研究活动。与其他生物载体（细胞、组织、器官）相比较，它具有生物体的完整性和生物反应的系统性，得出的结果更宜于被人类所借鉴。不同种动物、同一种动物不同品系具有不同的生物学特性，为我们科学研究提供了丰富的实验材料。

动物实验是科学实验，这是因为动物实验是经过科学合理设计，并对各种影响因素实施有效控制，对所获结果进行统计分析和验证的研究活动。动物实验在标准规范并符合动物福利条件下实施，以保证动物实验结果的准确可靠。

动物实验是发现和验证新知识、发现新规律的最佳途径之一。实验动物是一个活的生物反应体，任何一个外来刺激都会引起全身各个系统协调有序的连锁反应，它能表现出其他实验手段无法体现出的生物学效应，如呕吐反应、疼痛等，全面反映出疾病发生发展以及转归的过程。利用动物实验能够探索引起疾病发生的主要基因作用以及多个基因之间的相互作用和影响，这是其他实验手段无法做到的。

随着生命科学的发展，特别是生物技术的进步，动物实验这一概念和内涵不断扩大和丰富，使传统的动物实验概念与其他领域利用动物进行的其他活动之间的界限趋于融合。如利用 BACB/c 小鼠生产单克隆抗体，既是生物技术药物的生产，也是一种应用领域的动物实验。利用转基因动物生产各种表达产物、利用动物细胞生产生物制品等也属于此类。

二、动物实验的分类

动物实验方法多种多样，在各研究领域有其不同的目的和应用，因而分类方法也各不相同。

(一)按照动物实验目的分类

1."研究性"动物实验

以基础理论为依据，探索某些未知生命现象和规律，从而产生新的理论和说明新的机理。如利用转基因动物研究某一基因的作用，以及该基因与表型之间的关系；通过定位整合技术，发现新基因和已知基因的新功能，研究某种新药的靶基因、靶器官、作用机理和毒性作用。

2."生产性"动物实验

将编码某些医用蛋白的基因通过转基因技术，建立能携带该基因并能高效表达的转基因动物，以此生产生物技术药物。乳腺生物反应器是其中一项蓬勃发展的高技术。该项技术使得目标产品的产量高、质量好、成本低、易于提纯，极大地推动了生物医药产业的发展。

3."检验(测)性"动物实验

依据有关规范或规程，对产品的某一项(些)技术指标进行动物实验，以判定该产品质量是否符合标准要求。如根据药典对药品的有效性和安全性进行检验，对化妆品进行的安全性评价等。

4."教学性"动物实验

在掌握基本理论识的基础上，通过对经典动物实验的学习，使学生掌握动物实验所需要的仪器设备的基本操作；熟悉和掌握动物实验的基本技术；掌握观察、记录实验结果和收集、整理实验数据的方法。如各种生理学实验。

(二)按照动物实验感染危害分类

1.感染性动物实验

经适当途径，将病原微生物人工感染动物，在其研究过程中有可能对研究人员、周围环境和动物生命产生危害的动物实验，统称为感染性动物实验。依照病原微生物传播途径，可将感染分为呼吸道感染、消化道感染、血液感染、体表感染、性传播感染五类。感染性动物实验是生物安全性动物实验的一种。

根据所要操作的病原微生物危害程度，应在相应的动物实验生物安全水平实验室进行。

2.非感染性动物实验

在整个实验过程中，不存在感染性因子的所有动物实验，统称为非感染性动物实验。如教学中的解剖学实验、生理学实验，药品检验中的热原实验以及胚胎移植实验等。

使用高等级(如清洁级和 SPF 级)动物并在符合国家标准的动物实验环境中、按照 SOP

进行实验操作，是避免非感染性动物实验受到微生物和寄生虫感染干扰的关键。

（三）按照使用动物种类分类

根据研究需要和动物生物学特性，选择适宜的实验动物进行实验研究，可分为小鼠实验、大鼠实验、豚鼠实验等。

（四）按照动物实验周期的长短分类

根据时间的长短，可将动物实验人为地分为长期动物实验和短期动物实验。

长期动物实验也可称为慢性动物实验，由于动物实验过程更接近于自然过程，因此所观察到的实验结果比较符合于客观实际。缺点是对实验环境要求高，支出费用大，不易进行大量的实验性研究。

短期动物实验又可称为急性动物实验，可在较短的时间内获得较多的有价值的分析性数据。缺点是动物在急性实验中往往处于失常的状态，从而使动物对某些因素的反应反常，不能完全说明整体动物在生理条件下的功能活动规律。

长期（或慢性）动物实验和短期（或急性）动物实验都是科学研究中常用的方法，是相辅相成的，在实际中可根据实验目的和要求灵活掌握。

（五）按照机体或器官利用的方式分类

1. 在体实验

在动物处于整体条件下，经麻醉后分离暴露某一器官或组织并保持欲研究的器官处于正常的解剖位置或从体内除去（拟从反证的角度），来研究动物或某器官生理功能的实验方法。如进行解剖，以便观察组织、器官机能在不同情况下的变化规律。

2. 离体实验

将所需要的动物器官或组织按照一定程序从动物机体上分离下来，置于人工环境中，在短时间内保持它的生理功能而进行研究的一种实验方法。

（六）按照动物实验使用领域分类

实验动物作为一个特殊的动物群体，广泛应用于科学研究、社会与经济发展中的各个领域。在现代医学研究中，动物实验是探索人类疾病病因和防治疾病发生的重要手段；在农业科学研究中，动物实验广泛应用于农药的安全性评价、疫苗的制备和质量鉴定、饲料营养分析以及畜产品的安全性评价；在食品、环境、轻工业等与人民生活息息相关的领域，动物实验则扮演着“安全卫士”的角色；在国防和军事科学研究、国际贸易和进出口检疫等方面也广泛应用。

应注意的是，对不同领域的研究应选择最适合的实验动物进行相关的动物实验，以获得研究目标的最佳结果。如在药物安全评价中，选择犬和灵长类动物，使动物实验结果更容易外推到人类；对水环境质量评价而言，实验鱼类则是最佳选择。不管是选择什么样的动物和在哪些领域开展动物实验研究，其共同点是：高质量的实验动物、标准化的动物实验环境和动物实验操作的规范化是保证动物实验结果不可或缺的重要因素。

第二节　动物实验法规的基本要求

为规范实验动物工作的管理，科学技术部先后发布了诸多针对实验动物工作的管理法规和行政规章。各部门、各地区也根据国家的整体管理，结合自己的特点，制定了各自的管理办法和实施细则。

一、国家管理法规

1.《实验动物管理条例》

1988年，经国务院批准，由国家科委以2号令发布了我国第一部实验动物管理法规《实验动物管理条例》(以下简称《条例》)。该《条例》共8章35条，从管理模式、饲育管理、检疫与传染病控制、应用、进口与出口管理、工作人员以及奖惩等方面明确了国家管理准则。这一法规的颁布标志着我国实验动物管理工作开始纳入法制化管理轨道。在《条例》第四章中，明确了动物实验的基本原则和基本要求，强调使用合格的实验动物进行动物实验是申报科研课题和鉴定科研成果的必要条件之一。《条例》全方位地推动了我国实验动物科学事业的发展，使我国实验动物科学及其相关科学的发展有了长足进步，为我国医学生物学及现代生命科学与国际接轨奠定了坚实的基础。

2.《实验动物质量管理办法》

1997年，由国家科委、国家技术监督局联合发布了《实验动物质量管理办法》(国科发财字[1997]593号)，共5章25条。其中明确提出了我国实验动物生产和使用将实行许可证制度，对许可证的申请和管理也做出了规定。在第三章第十一条中，规定了使用实验动物进行实验研究或相关产品生产的单位所应该具备的条件。该管理办法的发布和实施，极大地推动了我国实验动物和动物实验工作管理科学化和规范化的发展进程。

3.《实验动物许可证管理办法(试行)》

2001年，科学技术部与卫生部等七部(局)联合发布了《实验动物许可证管理办法(试行)》(国科发财字[2001]545号)，共5章23条。其中规定了申请许可证的行为主体、条件、标准、审批和发放程序，强调了许可证的管理和监督。通过认证这一法制化管理模式，既能规范科学研究行为，也促进了实验动物事业的发展。

4.《关于善待实验动物的指导性意见》

为适应科技发展的需要，贯彻落实《实验动物管理条例》，2006年9月，国家科技部发布了《关于善待实验动物的指导性意见》，共6章30条，提出了工作管理和监督的模式，分别从实验动物的饲养管理、应用、运输以及相关措施等方面，对善待实验动物提出了要求，突出了动物实验替代方法是科学的善待实验动物和维护实验动物福利这一核心内容。

二、国家标准

实验动物国家标准从微生物学、寄生虫学、遗传学、营养学和环境设施的角度，为保证实验动物和动物实验质量以及相关条件作出了具体的规定。为保证动物实验结果的可靠性，应使用合格的实验动物；保证各项环境指标稳定；为动物提供满足各生长发育阶段要求的全价配合饲料。因此，国家标准的提出对开展实验动物及其相关条件的监测与控制，保证实验动物和动物实验质量具有十分重要的意义。

三、部门行政规章和技术规范

根据部门工作特点和管理需要，各部门也制定了实验动物管理办法或实施细则。

1.关于加强药品研究用实验动物管理的通知

国家食品药品监督管理局于2000年发布了“关于加强药品研究用实验动物管理的通知”，

要求开展药物研究用的实验动物要具有许可证。动物质量、品种等要达到要求；动物设施要达到国家标准以及药品研究的特殊要求；达不到要求的，研究结果无效，研究资料不予承认。在《中国药典》(2005 年版，三部)中明确规定："检定用动物，除另有规定外，均应用清洁级或清洁级以上的动物"；"用于制备注射用活疫苗的动物细胞必须来自清洁级或清洁级以上动物"。

2.《中医药科研实验室分级登记管理办法(试行)》

国家中医药管理局于 1998 年发布了《中医药科研实验室分级登记管理办法(试行)》，明确规定：中医药科研实验室分为一、二、三级，实行分级登记管理；要求在应用实验动物进行实验研究时，所用的动物应为合格的实验动物；动物实验的环境和设施应和实验动物的级别相匹配等内容。

3.《农业系统实验动物管理办法》

农业部发布了《农业系统实验动物管理办法》，明确规定：实验动物必须按照国家标准进行饲养管理；使用合格的实验动物，并在符合实验动物等级标准的环境设施中进行动物实验；进出口实验动物时，须报有关部门审查和获得批准后按有关规定办理。

4.《中国科学院实验动物管理暂行条例》

中国科学院发布了《中国科学院实验动物管理暂行条例》，明确规定：应使用国际国内认可通用的品种、品系实验动物进行实验研究；所用动物合格与否是科研成果评定考核的条件之一；发生传染病时，应采取有效措施，以防疫情扩散等。

5.《军队医学实验动物合格证(认可证)管理办法》

总后卫生部颁布了《军队医学实验动物合格证(认可证)管理办法》，确定了 4 个合格证和 2 个认可证的管理模式。明确了合格证(认可证)的申请条件、审批程序和检查要求。

上述这些规定和管理措施从不同的侧面和层次都极大地加强了实验动物生产和应用工作的管理力度，保证了实验动物质量，动物实验的准确性、可靠性和重复性，对推动我国生命科学研究发展和水平提高起到了重要作用。

四、地方管理法规

1.《北京市实验动物管理条例》

1996 年 10 月 17 日，北京市在全国率先以立法形式制定了《北京市实验动物管理条例》，自 1997 年 1 月 1 日开始实施，该条例于 2004 年经北京市第十二届人民代表大会常务委员会第十七次会议修订，2005 年 1 月 1 日起施行。

为贯彻落实该条例，根据实际工作需要，北京市又先后制定和发布了《北京市实验动物许可证管理办法》、《北京市实验动物从业人员培训考核管理办法》、《北京市实验动物从业人员健康体检管理办法》、《北京市实验动物质量检测工作管理办法》、《北京市实验动物行业信用信息管理办法(试行)》、《北京市实验动物行政执法档案管理办法》、《实验动物行政许可程序》和《北京市实验动物福利伦理审查指南》等管理文件。该条例和这些相关管理文件的发布施行，对加强北京地区实验动物法制化管理工作，进一步提升实验动物这一科技基础支撑条件的水平发挥了重要作用，有力地促进了北京科技事业的发展。

2.《湖北省实验动物管理条例》

2005 年 7 月 29 日，湖北省第十届人民代表大会常务委员会第十六次会议通过了《湖北省实验动物管理条例》，并于 2005 年 10 月 1 日起施行。湖北省成为继北京市后全国第二个对实验动物工作立法的省(市)。该条例对实验动物的生产与经营、应用、质量检测与防疫、生产安全与动物福利、管理与监督等活动进行规范,并明确了相关的法律责任。该条例明确规定了实验动物工作实行许可制度。

3.《云南省实验动物管理条例》

2007年7月27日,云南省第十届人大常委会第三十次会议审议通过了《云南省实验动物管理条例》,并于2007年10月1日施行。这是继北京市、湖北省之后我国第三部实验动物地方科技法规。该条例对实验动物的管理部门、使用单位和个人、许可证管理制度、实验动物质量检测与检疫、管理与监督、动物实验伦理、法律责任等方面作出明确的规定。

4.《黑龙江省实验动物管理条例》

2008年10月17日,黑龙江省第十一届人民代表大会常务委员会第六次会议通过了《黑龙江省实验动物管理条例》。该条例第五条规定,动物实验设计和实验活动应当遵循替代、减少和优化的原则。从事实验动物工作的单位和人员应当善待实验动物,维护实验动物福利,应当采取尽量减轻动物痛苦的方式进行妥善处理。对于违反本条规定的处罚措施是处二千元以上二万元以下罚款,情节严重的并处暂扣实验动物许可证。

5.《广东省实验动物管理条例》

2010年6月2日,广东省第十一届人民代表大会常务委员会第十九次会议通过了《广东省实验动物管理条例》。鼓励共享实验动物的实验数据和资源,倡导减少、替代使用实验动物和优化动物实验方法。实验动物生产、使用活动涉及实验动物伦理与物种安全问题的,应当遵照国家有关规定,并符合国际惯例。对实验动物进行手术时,应当进行有效的麻醉;需要处死实验动物时,应当实施安死术。附则中还明确了实验动物伦理、实验动物福利和安死术含义。

6.其他地方法规和管理办法

为更好地贯彻实施《实验动物管理条例》和《实验动物许可证管理办法》,使我国实验动物工作步入法制化管理轨道,推动我国实验动物整体水平的发展,使各地方实验动物管理工作更加严格和规范,江苏、福建、山西、山东、河南、河北、四川、上海、安徽、湖南、重庆等省市都制定了《实验动物管理办法》、《实验动物许可证管理办法》或实施细则,根据这些管理法规加强本地区的实验动物和动物实验的管理。

第二章　动物实验前的准备

第一节　动物实验仪器设备与器械物品的准备

一、仪器设备的准备

动物实验室仪器设备包括常用仪器设备和特殊仪器设备。常用仪器设备包括人员防护设备、动物保定设备、实验室常规仪器，如称量、保温、消毒、培养、离心等仪器。特殊仪器设备根据不同的实验室和不同的实验方案配备。动物实验前仪器设备的准备主要有以下两点：

(1)阅读动物实验方案，列出所需仪器设备清单，并根据所列清单检查本实验室是否能够满足需要，如不能满足需要，寻求其他办法解决，比如租借、购买。

(2)检查仪器功能。按照仪器设备说明书(作业指导书)逐台启动检查所需仪器设备是否能正常运行，功能是否满足实验需要。如有问题发生，及时请仪器设备管理员或相关人员解决。

二、器械物品的准备

动物实验室的器械物品包括手术解剖器械、动物保定器械、动物实验操作器械(注射器、灌胃针等)、实验服、安全服、鞋、帽、口罩、消毒剂、麻醉剂以及实验室常用耗材。动物实验前器械物品的准备主要有以下几点：

(1)阅读动物实验方案，列出所需器械物品清单，并根据所列清单检查本实验室是否能够满足需要，如不能满足需要，寻求其他办法解决，比如租借、购买。尤其注意型号规格是否满足实验需要。

(2)消毒灭菌处理。对实验所需器械物品及时进行清洗、消毒或灭菌处理。

(3)实验前核对。实验开始前对所准备的器械物品与实验方案和所列清单进行核对，确保实验所需器械物品准备齐全和正确，尤其是细小物品，以免影响试验的正常进行。

三、供试品的准备

动物实验的供试品可能是药品、食品、化妆品等，随客户的委托而不同。供试品往往存在有效期，因而实验前供试品的准备非常重要，必须与实验室的准备工作和实验动物的订购在时间上统一和协调。供试品的准备一般可按照实验方案的要求配置和处理。

第二节　动物实验场地与饲养条件的准备

一、实验环境的准备

根据实验目的选择合适的实验室及饲养室。所使用的动物实验室取得实验动物使用许可证，并包含实验所用动物的适用范围。动物实验室环境设施级别要与实验动物等级相匹配（表 2-1），动物饲养笼具应符合实验动物的生活习性。实验动物在适应环境期间，避免强光、噪声等有害因素的刺激，为动物提供一个安静、舒适、放松的环境条件，尽量避免非实验应激因素对实验的干扰。

表 2-1　实验类别和实验动物与实验环境的对应表

实验类别	实验动物	实验环境
非感染性、非放射性、非化学毒物实验	普通级豚鼠、兔、犬、小型猪、猕猴	普通环境
	清洁级、SPF 级大小鼠、裸鼠、SCID 鼠	屏障环境
	无菌动物、裸鼠、SCID 鼠	隔离环境
感染性、放射性、化学毒物实验		特殊动物实验设施

二、动物饲养设备与器具的准备

根据动物的级别、种系、数量不同，准备饲养笼盒、饮水器具、饲料和垫料等。

(1)普通笼器具：实验前仔细擦拭清洁、消毒，根据动物数量和分组准备笼盒，笼盒洗刷干净并高压消毒备用。

(2)层流柜：选择与实验动物相符的层流柜，检查过滤膜是否需要更换，门是否能正常开合，准备与层流柜匹配的饲养盒，开机试运行。

(3)独立换气笼(IVC)：检查主机能否正常开机，各项指标显示是否正常，并安装好笼盒运行至少 24 h，观察各项指标是否正常。

(4)隔离器：隔离器主要由塑料薄膜室、橡胶皮手套、渡仓、空气过滤器、操作台(架)、风机等组成。使用前必须试运行并测漏。

(5)超净工作台：在动物实验工作中，超净工作台往往与层流柜、独立换气笼等设备配套使用，构成小的无菌环境。超净工作台根据气流流动方式不同可分两种：一种是侧流式或称为垂直式，另一种是外流式或称为水平层流式。一般使用净化工作台需注意以下几点：净化工作台安装在清洁无尘的房间内，最好为隔离好的无菌间内，以免尘土过多易使滤器阻塞，降低净化效果，缩短使用寿命。工作前必须打开紫外灯对台面进行消毒。

(6)大动物饲养笼：根据实验动物数量准备相应的饲养笼，一般较大动物在实验期间都是单笼饲养。应检查料盒、水盒是否齐全。

(7)给、排水设备：如果是自动饮水的饲养笼，应检查自动饮水嘴、管道或水箱是否正常，排水系统是否畅通。

(8)提供必要的动物玩具、藏匿器具等，改善动物生活条件，保护动物福利。

(9)手术、繁殖类实验还需提供相应的局部保温器具和条件。

第三节　实验动物的准备

一、实验动物的购入

根据实验设计，实验使用标准化实验动物时，在实验前向具备实验动物生产许可证的机构预订实验动物，预订时将动物的种、系、日龄、体重、性别、数量等规格写清楚。接收动物时向生产供应单位索取实验动物的质量合格证明，根据实验时间的长短，同时购入适量的饲料和垫料。

根据实验设计，实验使用从外地购买的实验动物时，应考虑运输中的各种因素对实验动物的影响，并察看运输检疫证明。

根据实验设计，实验使用从国外引进实验动物时，必须到动物进口检疫局办理相关手续，隔离检疫期较长(2 个月)，应充分考虑时间对动物的影响。

根据实验设计，实验使用非标准的实验用动物时，必须由实验委托方和实验承接方协商如何使用动物实验设施，并评估由此可能对动物实验设施环境以及对设施内其他动物实验造成的影响。

根据实验设计，实验使用大中型普通级实验动物时，进入动物实验设施前要根据相关标准要求进行必要的隔离检疫，隔离检疫期过后无异常的动物方可转入动物实验设施进行实验。

二、实验动物的一般检查

首先要根据实验要求检查实验动物的种、系、日龄、质量合格证、是否重复使用情况等文件记录是否符合预定要求，其次要对实验动物的体重、性别、数量进行一一核对，最后要查看实验动物的被毛、饮食状况、病史、免疫情况，见表 2-2。

表 2-2　实验动物的一般检查

项目	观察内容
性别	雌、雄
年龄	根据实验要求
体重	根据实验要求
总体状态	精神、气色、警觉能力、毛发光泽
体温	用红外体温计测量眉间部位皮肤温度
饮食	食欲、食量、饮水量等。只有少量饮食即为病态
四肢	无残缺，活动正常
运动	灵活、活动范围大。无主动运动者为病态
病史	腹泻、外伤、肿瘤等
用药史	疫苗、治疗药物
尿	尿量、颜色
粪	形状、是否稀便、颜色、是否带血
其他	应仔细观察发现并记录不正常征象

三、实验动物背景资料的复核

必要时，实验前需核对实验动物近期微生物和寄生虫检测报告、近期遗传检测报告，如果是国家保护动物，需查看野生动物保护机构的批准文件。

第四节　实验动物的编号与标记

动物标记的目的在于根据动物的记号或特征编号来进行个体识别。良好的标记方法应保证号码清楚、简便易认和耐用。应使用对动物无毒性，操作简单且长时间能够识别的方法。

一、染色法

染色法即使用化学药品在动物明显体位被毛上进行涂染识别的方法。染色法一般用于短期实验。常用的染液有3%～5%的苦味酸溶液（黄色，本品被国家限制为爆炸性化合物，保存和使用时注意安全防护）、2%的硝酸银溶液（咖啡色）、0.5%的中性品红溶液（红色）。标记时，用棉签或卷着纱布的玻璃棒蘸取上述溶液，在动物体的相应部位逆毛流方向涂上有色斑点。编号的原则是“先左后右，先上后下”。左前腿部记为1号，左侧腰部记为2号，左后腿部记为3号，头部记为4号，腰背部记为5号，尾部记为6号，右前腿部记为7号，右侧腰部记为8号，右后腿部记为9号，不涂色的为10号。用单一颜色可标记1～10号。如果动物数量超过10只，可用两种颜色共同标记，即一种颜色代表十位，另一种颜色代表个位，这样可标记到99号（图2-1）。

此种方法常用于被毛颜色较浅的大鼠和小鼠。

二、穿耳孔法

穿耳孔法即用动物专用耳孔器在动物耳朵的不同部位打一小孔或打成缺口来表示一定号码的方法。打孔原则如图2-2所示，左耳代表十位，右耳代表个位。这种方法可标记100只左右的动物。打孔法应注意防止孔口愈合，多使用消毒滑石粉涂抹在打孔局部。

此方法常用于大、小鼠的编号标记。

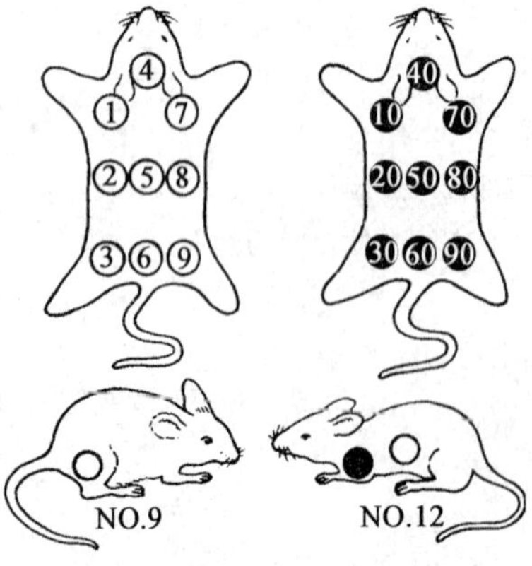

图2-1　染色编号法

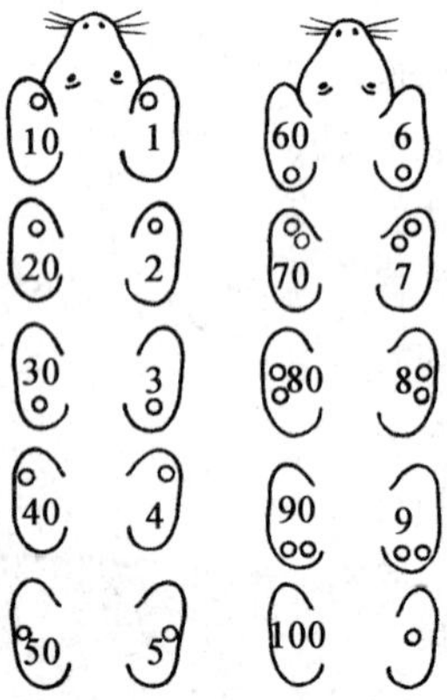

图2-2　耳孔编号法

三、标牌法

(1)用金属制作的标牌固定在实验动物的颈部、耳朵或脚上。

(2)将分组编号写在卡片上，挂在动物饲养笼外。

此种方法简单、易识别、数量不限，可用于各种实验动物的编号标记。

四、剪毛法

在动物体背部相应位置剪去少量被毛，以作标记。标记位置同染色法。这种方法存在一定缺点，如果动物因疾病或外伤造成被毛不全会干扰标记。此种方法可用于各种实验动物，但使用不多。

五、烙印法

用刺数钳在动物耳上或其他明显部位刺上号码，然后用棉签蘸取溶在酒精中的黑墨在刺号上加以涂抹，烙印前最好对烙印部位预先用酒精消毒。一般用于体型较大动物。

六、电子芯片(玻璃管标签)植入法

玻璃管动物标签是由 ϕ3 mm 或 ϕ2.16 mm 的玻璃柱、电子芯片线圈、铁心、电容组成的一个长 12 mm 并带有全球唯一标码的小玻璃柱。它通过注射的方式进入到动物体内。它无毒无害，让每一只动物均有一个唯一的身份证。动物标签适用于各类动物，如哺乳动物、鱼类、鸟类、爬虫类、两栖动物等，可用于各种实验动物的编号标记。

第三章　实验动物的抓取与保(固)定方法

在进行标本采集、试品给予、更换笼具、转移动物等操作时，必须要抓取并保(固)定动物。正确的抓取和保(固)定动物不但有利于实验操作和保证实验人员安全，而且可防止动物意外损伤。实验人员在抓取动物时，应慢慢友好地接近动物，注意观察动物的表情，等动物安静时抓取，抓取动作应准确、迅速、熟练、温柔，必要时实验人员应戴上防护用具。应禁止对动物采取突然、粗暴的方法，以免被动物咬伤或造成动物伤害和应激反应。

第一节　小鼠的抓取与固定方法

一、小鼠抓取方法

小鼠性情比较温顺，一般不会主动咬人。在小鼠较安静时将盒盖推开一半，用手或镊子捏住小鼠尾根部或尾中部提出，放在操作台上，将盒盖拉回扣好。

二、小鼠固定方法

1. 单手固定法

将小鼠置于表面较粗糙的平面或盒盖上，轻轻地向后拉鼠尾，当其向前爬行时，用左手拇指和食指捏住小鼠颈部两耳间的皮肤(图 3-1)，捏住的皮肤要适量，太多太紧小鼠会窒息，太少太松小鼠能回头咬伤操作者。左手翻转，掌心向上，将鼠体置于左手掌心，用左手无名指或小指压紧尾根，使鼠体成一条直线(图 3-2)。此方法适用于肌肉注射、腹腔注射、灌胃等。

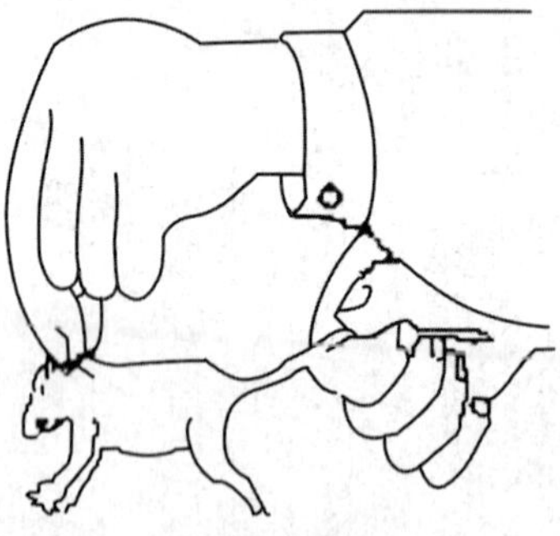

图 3-1　小鼠抓取

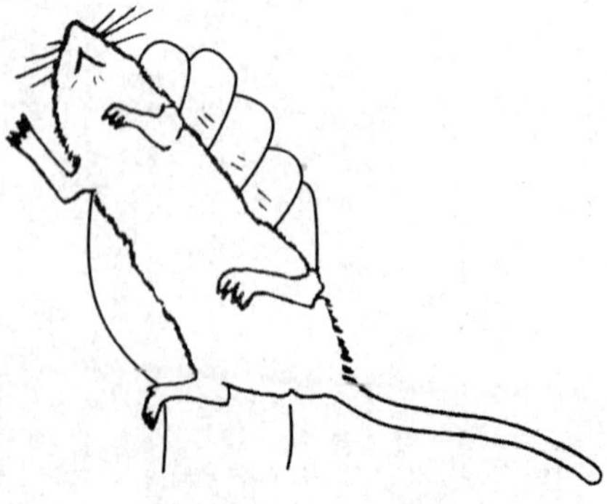

图 3-2　小鼠固定

2. 双手固定法

操作同单手固定，只是用右手拉住小鼠尾根部。注意如果是肥胖或妊娠小鼠，还应握住后肢轻托臀部。此方法适用于双人配合进行实验操作。

3. 固定器固定法

将小鼠固定在特定的固定器中，可进行小鼠尾静脉注射与采血。

4. 固定板固定法

将小鼠固定在特定的固定板上，可进行外科手术或解剖。

第二节　大鼠的抓取与固定方法

一、大鼠抓取方法

大鼠牙齿尖锐，在抓取时要小心，不能粗暴，否则易被其咬伤。另外，抓取时应更加轻柔，避免因抓取的刺激损伤动物，影响实验结果。从笼内取出4～5周龄以内的大鼠时，方法同小鼠。周龄较大的大鼠需抓住其尾根部，不能抓尾尖，也不能让大鼠悬在空中的时间过长，否则易导致尾部皮肤脱落，或导致实验者被咬伤。初学者在抓取大鼠时，最好戴防护手套。

二、大鼠固定方法

1. 双手固定法

取出大鼠放在盒盖或实验台上，轻轻向后拉尾，当大鼠向前爬行时，用左手拇指和食指夹住大鼠颈部，不要过紧，其余三指及掌心握住大鼠身体中段，将其拿起，翻转为仰卧位，右手拉住尾部。注意不要对大鼠胸部挤压过紧，以免影响呼吸。

另一种方式是，取出大鼠放在盒盖或实验台上，轻轻向后拉尾，当大鼠向前爬行时，将左手轻放在大鼠背部，用拇指和食指按在上肢肘部，并向上推，使上肢靠近大鼠面部，挤住下颌，以此固定大鼠头、上肢及躯体，右手拉住尾根。

2. 固定器固定法

在实验期间，还可使用制式固定装置，适于各种规格和体重的大鼠。

3. 固定袋固定法

用透明塑料袋或布料制作大鼠固定装置，便于单人实验操作时使用。取塑料袋的圆锥部分，尖端封闭，后段敞开，长度大于大鼠身长。将尖端剪一小口，用于大鼠口鼻露出呼吸。使用时可将大鼠从敞开端送入，使其口鼻到达尖端开口，再将敞口端收紧在大鼠尾根部。布料可依上缝制。固定袋可进行大鼠尾部实验操作。塑料固定袋固定时间不宜过长，以免造成大鼠过热。

4. 固定板固定法

将大鼠固定在特制的固定板上，可进行外科手术或解剖。

第三节　豚鼠的抓取与固定方法

豚鼠性情温顺，一般不咬人。抓取时，不能粗暴，更不能抓腰腹部，这样易造成肝破裂而引起死亡。抓取幼小豚鼠时，可用双手捧起。抓取较大的豚鼠时，可将手轻轻地伸进笼子，先用手掌扣住豚鼠的背部，抓住其肩胛上方，将右手张开，用手指抓住颈部慢慢将其提起（图 3-3）。怀孕或体重较大的豚鼠，应用左手托起臀部。在实验过程中，豚鼠会不停地挣扎，操作者的手会越握越紧，加之豚鼠胆小紧张，很容易导致动物呼吸困难，甚至死亡。如果用纱布将豚鼠头部轻轻包起，或把豚鼠置于实验台上，操作人员轻轻扶住豚鼠，让其头钻到实验人员腋下，然后进行实验操作，效果更好。

另一种抓取方法是，把左手的食指和中指放在颈背部的两侧，拇指和无名指放在肋部，分别用手指挟住左右前肢，抓起来。然后翻转左手，用右手的拇指和食指挟住右后肢，用中指和无名指挟住左后肢，使鼠体伸直成一条直线（图 3-4）。也可坐下来，把用右手拿着的豚鼠的后肢挟在大腿处，用大腿代替右手挟住。用固定器固定豚鼠的方法与大鼠相同。

图 3-3　豚鼠抓取

图 3-4　豚鼠固定

第四节　家兔的抓取与保定方法

一、家兔抓取方法

家兔一般不会咬人，但爪较锐利。抓取时，家兔会使劲挣扎，要特别注意其四肢，防止被其抓伤。抓取时，用右手抓住颈部的被毛和皮肤，轻轻把动物提起，把兔拉至笼门口，左手托起兔的臀部，把兔子从笼子里拿出来。该方法可以防止家兔的后腿蹬踹而造成抓取失败或伤害家兔或抓取者。由于家兔耳朵对疼痛反应敏感，抓取家兔时不得抓耳朵。

二、家兔保定方法

1. 徒手保定方法

一只手抓住兔颈背部的被毛和皮肤，另一只手托住兔的臀部（图 3-5）。当在实验区内运输家兔时,可以抱着家兔,让其头挤进手臂肘部的弯曲处,用手托住它的后肢和臀部(图 3-6),抓取者可以用另一只手开关笼子和房门。

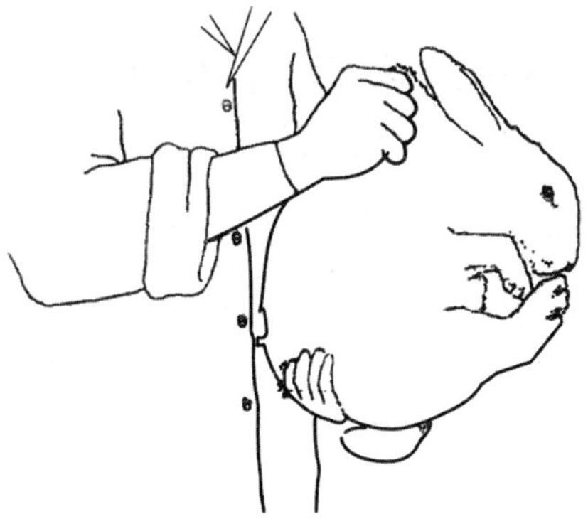

图 3-5　兔的保定

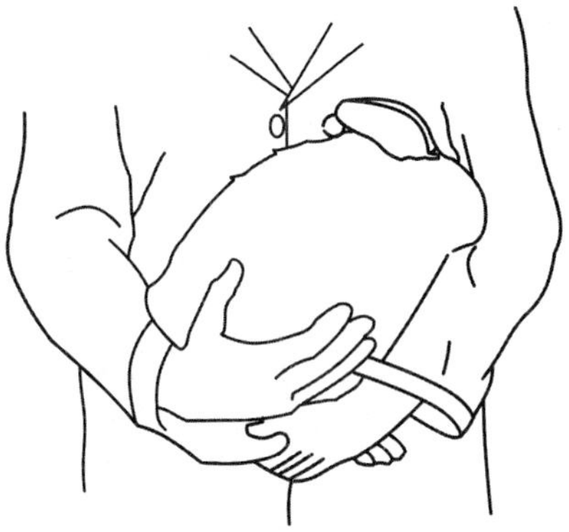

图 3-6　兔的运输保定

另外,还可以一只手抓两前肢,另一只手固定两后肢进行保定。也可由操作者取坐位,一只手固定两前肢,将兔的两后肢夹在两腿间,或将兔臀部朝外,头埋在操作者的腰部和肘间(图 3-7)。

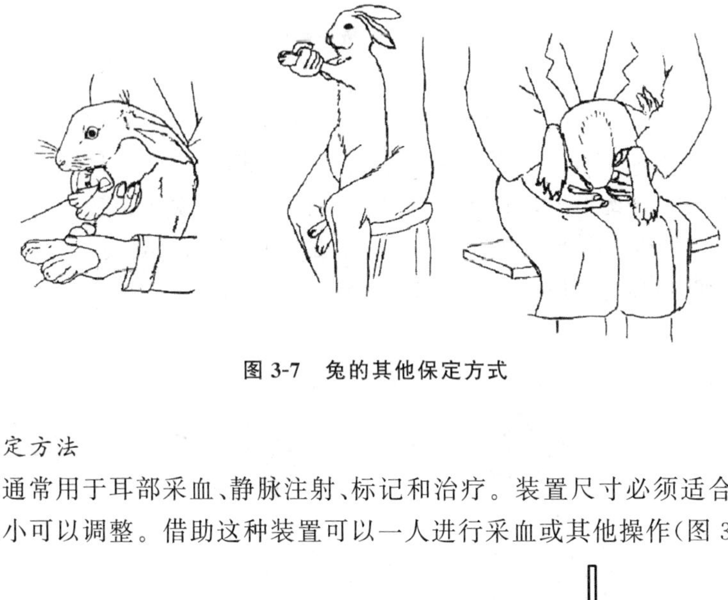

图 3-7　兔的其他保定方式

2.器械固定方法

器械保定通常用于耳部采血、静脉注射、标记和治疗。装置尺寸必须适合家兔个体大小,有些固定器大小可以调整。借助这种装置可以一人进行采血或其他操作(图 3-8)。

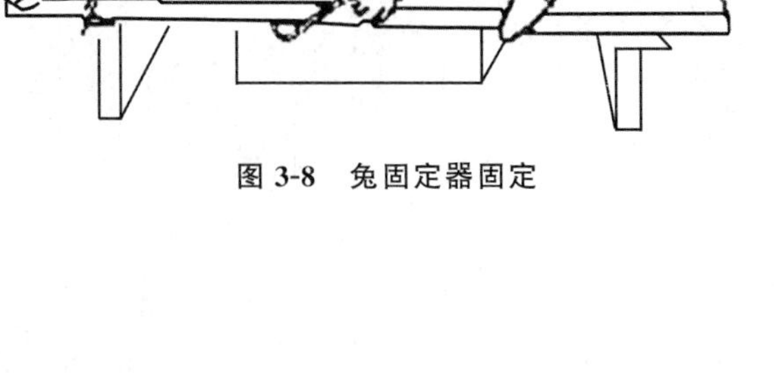

图 3-8　兔固定器固定

第五节　犬的抓取与保定方法

比格犬非常温顺，抓取时只需打开笼门，抓住犬的前肢，将它提出笼外。人工保定时将犬的后肢放在地上，两手抓住两前肢；或将犬抱在胸前（图 3-9）。

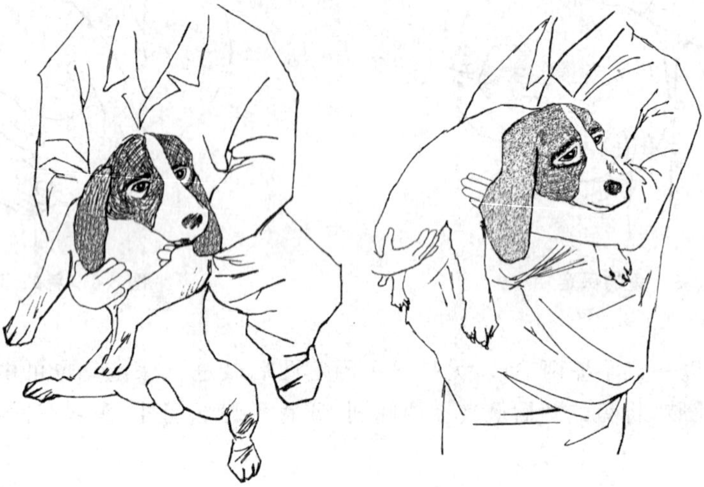

图 3-9　比格犬固定

对待杂种犬要保持警惕，但也不得给犬以粗暴的感觉。接近时应以温和的表情和声音抚慰。捕捉时，要特别谨慎，先用特制的长柄犬钳夹住犬颈部，将其按压倒在地，由助手将其四肢固定好。有链绳的犬，拉紧链绳，调节好皮带使犬头固定，其松紧度以皮带圈与颈部间隙只能通过并列两指为宜。固定犬嘴，可用绷带扎口（图 3-10）。也可使用专用固定器。注意，动物麻醉后，应及时解除口固定，以利于动物正常呼吸。

图 3-10　犬的扎口

第六节　猫的抓取与保定方法

猫在陌生环境下常比较胆怯、惊慌，故当人伸手接触时，猫会愤怒，耳向后伸展，并发出嘶嘶的声音或抓咬。保定者应戴上厚革制长筒手套，抓住猫颈、肩、背部皮肤，提起，另一手快速抓住两后肢伸展，将其稳住，以达到保定的目的(图 3-11)。但是，个别猫反应敏捷、灵活，用手套抓猫难奏效时，可借助颈绳套或捕猫网将其捕捉。

图 3-11　猫的抓取与保定

对于兴奋型猫，可施布卷包裹保定或猫袋保定。前者根据猫体长，选择适宜的革制保定布或厚的大块毛巾铺在保定台上，保定者将猫按放于保定布近端。提起近端保定布覆盖猫体，并顺势连同布、猫向前翻滚，将猫紧紧地裹住呈“直筒”状，使四肢丧失活动能力；后者用适宜的猫袋(帆布或厚布缝制，两端均开口，系上可抽动的带子)，将猫装入，猫头和两后肢从两端露出，收紧袋口。颈部不能收得过紧，防止发生窒息。

猫也可用扎口保定，方法与短嘴犬一样。颈圈保定法也与犬的保定法相似。

猫的头静脉和颈静脉穿刺保定方法基本与犬一样。由于猫胆小、易惊恐，静脉穿刺又会引起疼痛，故保定时应防止被猫抓咬致伤。首先要控制住头，其次防止后肢搔抓。保定者一手抓住头部，其拇指和中指、无名指或小指握紧两侧颌部和颧弓。

第七节　小型猪的抓取与保定方法

小型猪非常温顺，抓取时打开笼门，抓住它的前肢，将其提出笼外。人工保定体型较小的猪可将其抱在胸前或将两手放在它的腋下，固定胸部，使其面背保定者(图 3-12)。

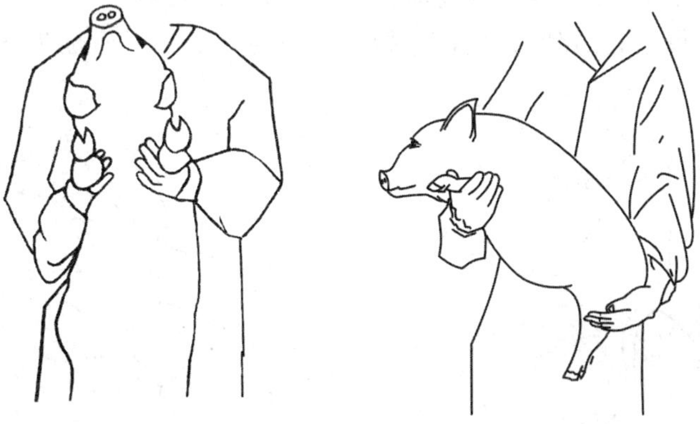

图 3-12　小型猪的保定

第八节　非人灵长类动物的抓取与保定方法

非人灵长类动物有很多，下面以猕猴为例进行介绍。

一、非人灵长类动物捕捉方法

非人灵长类动物捕捉方法包括有房内、固定圈和麻醉捕捉等。

1. 房内或露天大笼内捕捉方法

捕猴网是用尼龙绳编成的网袋，连有 1.5 m 长的木柄，采用捕猴网进行捕捉时动作要迅速准确，不要损伤动物的头部和其他要害部位。猴入网后，将网圈按在地上，紧紧压住猴头或抓住后颈部（以防回头咬人），再将猴的两上肢反背于猴身后（图 3-13），捉住后将猴由网中取出。在捕捉凶猛的雄猴时应戴上防护皮手套，应有 2～3 个人紧密配合。

2. 固定项圈法

在笼养之前预先给猴戴上有链条的项圈（链条与项圈的结合处设有活动环，能转动自如）。捕捉时，只要抽紧铁链使猴固定后，推开笼门，将猴两上臂反背于身后，即可捉出笼外，此法方便安全，但长期戴项圈容易损伤颈部皮肤。

3. 麻醉捕捉法

为了避免捕捉时过分的情绪刺激，也可以采用麻醉的方法，即将猴夹在前后笼壁之间，拉出一后肢，常规消毒后肌肉注射氯胺酮，剂量为 10 mg/kg 体重，3～5 min 进入麻醉状态后，再将猴捉出笼外。

4. 其他捕捉法

也可用短柄捕猴网从笼门间隙伸入笼内，将猴盖住并翻转网罩使猴裹在网内，提出笼外，然后同样将两上肢反背。

二、非人灵长类动物保定方法

要根据其大小、性情、厩舍类型等因素采用不同的方法。但应注意的是，必须要小心，因为灵长类隐藏着威胁，它们常咬人，且有与它们的个体大小不协调的能力。对于 5 kg 以上的动物不要用单手提，尤其雄性动物有大的犬齿，可以咬透厚手套。对于特别小的猴，可用手的拇指与中指握住它的胸，即使把拇指放在动物的下颌下面也咬不到手（图 3-14）。对

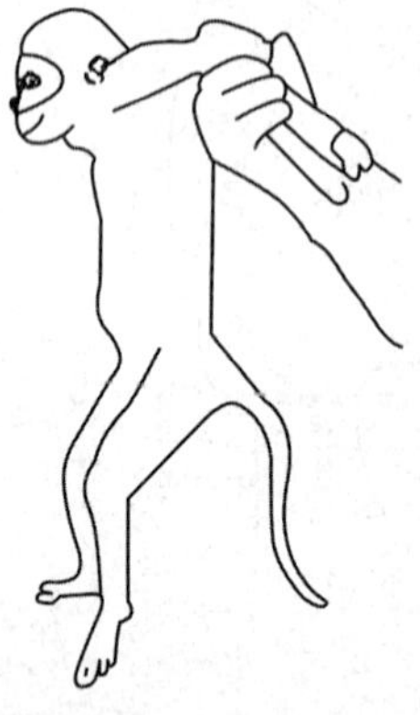

图 3-13　猴入网后的徒手保定

图 3-14　小猴的抓取与固定

于松鼠猴或小短尾猿等中小猴可用一只手将它们的前肢背在后面，另一只手抓住它们的后肢和尾。

第九节　蟾蜍的抓取与固定方法

当给蟾蜍换笼或作其他处理时，用网来捕捉是最好的方式。一手拿网将蟾蜍从水中捞起，另一只手捂住网口，防止蟾蜍从网口跳脱。使用网捕还可以避免伤害蟾蜍皮肤的黏膜层。

固定蟾蜍时，将蟾蜍的头朝向固定者的手腕，用掌心托住蟾蜍身体，手指分开，使其骑在食指上(图 3-15)。如果蟾蜍不安、躁动，就用另一只手辅助固定。如果长时间固定要保持蟾蜍身体湿润。

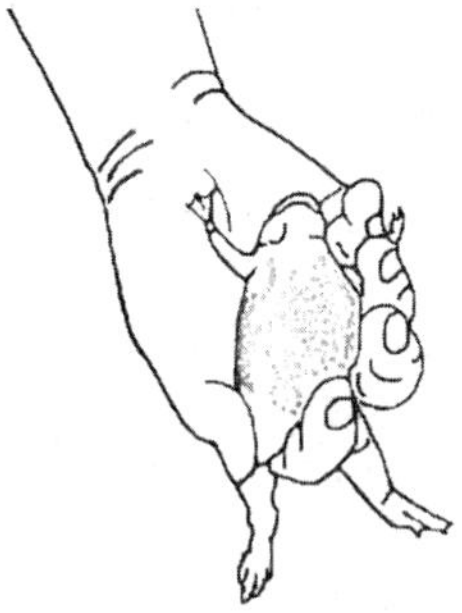

图 3-15　蟾蜍徒手固定

第十节　羊的抓取与保定方法

羊性情温顺，保定也很容易，很少对人造成伤害。抓取者缓慢接近绵羊，一只手托住绵羊的下颚将羊头抬起，另一只手按住羊的身体后外侧，抓取者用膝盖顶住羊的肩胛侧面，将其固定在墙角成站立姿势(图 3-16)。也可抓住一后肢的跗关节或跗前部，羊就能被控制(图 3-17)。保定者抓住羊的角，骑在羊背部上，作为静脉注射或采血等操作时的保定。也可面向尾侧骑在羊身上，抓紧两侧后肢膝褶，将羊倒提起，然后再将手移到跗前部并保持之。

对体格较大的羊进行卧倒时，右手提起羊的右后肢，左手抓在羊的右侧膝皱襞，保定者用膝抵在羊的臀部。左手用力提拉羊的膝褶，在右手的配合下将羊放倒，然后捆住四肢。

图 3-16　绵羊抓取

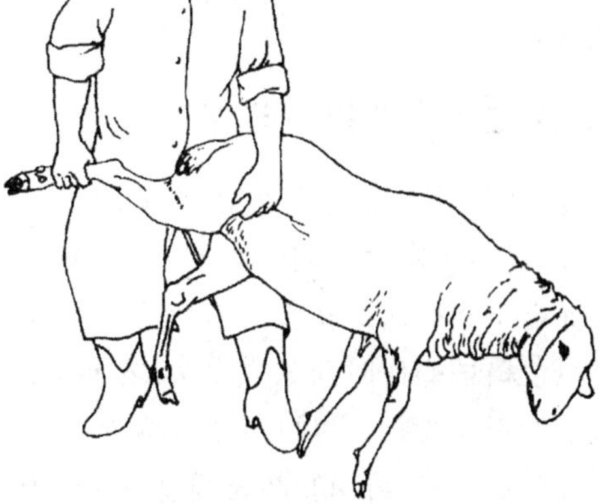

图 3-17　羊的抓取与保定

第十一节　鸟的抓取与保定方法

鸟的种类繁多，体型和习性差别很大。在现场操作时，一定要了解鸟的习性，针对不同情况，采用稳而又果断的方法，下面简述不同体型鸟的保定。

一、小型鸟类的抓取与保定方法

可以单手握持，以食指、拇指及中指圈成三角，固定其头部，避免鸟乱啄及挣扎，并以无名指、小指将鸟的身躯环握在掌中。一般在 100 g 以下的鸟都可采用这种保定方法（图 3-18）。

图 3-18　小型鸟类的抓取与固定

二、中型鸟类的抓取与保定方法

100～500 g 的鸟类，如鹧鸪类等，可以单手环握其身躯包含双翅，将双脚自食指与中指间，或中指、无名指间穿出夹握，可有效保定。对于有攻击性的鸟，则可用左手控制其头部，右手协助抓住其双翅和双脚固定（图 3-19）。对于中小型鸟，抓鸟时一般不主张戴手套，但是在检查前不要让鸟离开笼具。抓取时切记不要抓得太紧。因为中小型鸟的肺脏很小，呼吸主要靠气囊的辅助作用，如果把鸟的身体抓得太紧，气囊不能充气，就会出现因窒息而死亡的现象。

三、大型鸟类的抓取与保定方法

超过 500 g 的鸟类不易以徒手保定。由于无法同时固定头颈、双翅及双脚，因此可用大毛巾或布环，将双脚和翅膀同时包住，或整个将鸟包覆后，再将欲检查或操作的部分移出，可减少因操作保定不当引起的伤害。但此法对长颈长脚的鸟要注意，应使其肢体收回到正常蹲踞的位置。但包覆的操作时间如果太久，容易造成肢端血液循环不良，发生坏死。若包覆不当，在挣扎时可能引发骨折。也可以给鸟戴上眼罩或头罩，可以改善恐慌，减少挣扎的发生。同时以塑胶软管套住长喙，可防止攻击操作人员。眼罩、头罩可以用小布袋剪出口鼻的位置后代用。然后右手夹持鸟胸部躯体和双翅，左手握住其双脚（图 3-20）。

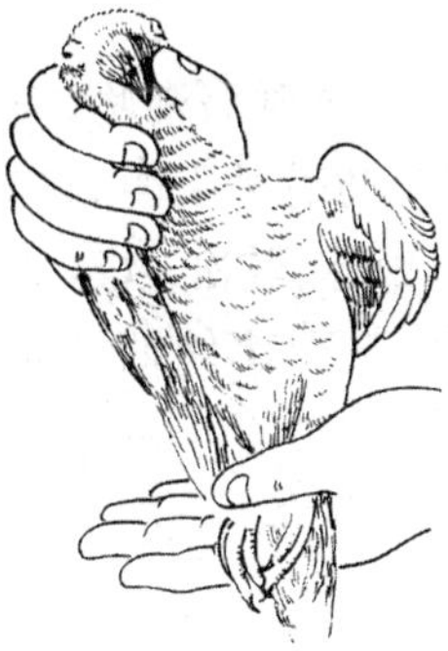

图 3-19　中型鸟类的抓取与固定

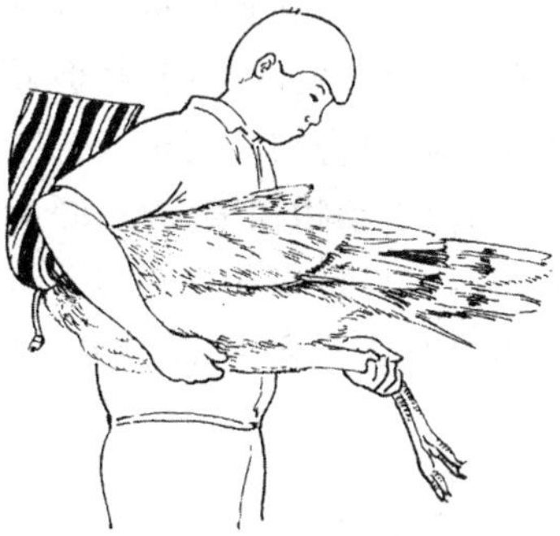

图 3-20　大型鸟类的抓取与固定

第十二节　化学保定法

化学保定法是指应用化学药剂(亦称化学保定剂),使动物暂时失去正常运动能力,以便于人们对其接近、捕捉、运输或诊疗的一种保定法。化学保定时所出现的动物运动能力暂时性丧失,大多数属于肌肉松弛所致,而动物感觉依然存在或部分减退。因此,化学保定与麻醉的概念是有区别的。化学保定法过去主要用于野生动物,目前也用于实验动物的保定。

化学保定的给药方式,多用普通注射器或长柄注射器注射,给药途径多取肌肉注射。化学保定剂的种类较多,不同种属的动物对不同化学保定剂的敏感性亦不一样。所以,实行化学保定时,应依动物种类等因素选择保定药剂及确定给药剂量。各种动物常用的保定剂及其剂量见表 3-1。

表 3-1　实验动物化学保定药物及剂量　mg/kg

药品	二苯甲苄噻唑	氯丙嗪	氯胺酮	司可林	速眠新
小型猪		0.5～4.0	12.0～14.0		
犬			7.0～8.0		0.1～0.15
羊	1.3～3.0	1.0～3.0	20.0～40.0	2.00	0.1～0.15
猫			10.0～20.0		0.2～0.3
兔					0.2～0.3
大、小鼠					0.5～1.0
猴		5.0～12.0			0.1～0.15

化学保定的效果受许多因素影响,诸如化学保定剂的性质,动物的种属、年龄、性别、体重、体质、健康状况及季节变化等。给药剂量一般不宜一次给足,以求安全。

第十三节　抓取与保定中的意外损伤及预防

抓取、保定动物时,往往因疏忽大意、方法失宜、对骚动不安动物强行操作等而招致意外损伤。一旦发生动物咬、抓伤要及时处理,如已出血,要将血液再挤出一些,然后用碘伏消毒伤口，再用消毒纱布包扎，并到防疫站咨询处理。

抓取、保定虽有一定的强制性，但并不意味着单纯用强大的力量来制服动物，而是采用某种方法借助于动物自身的防卫机能来限制其活动性。所以，为了预防意外发生，首先，在操作前准备要充分，应予动物稍事休息，缓解其对新环境产生的恐惧与敏感；其次，实验人员要胆大心细、稳健敏捷，切忌粗暴和突然的动作；最后，方法要力求简单而牢靠，绑缚四肢尤其是绑缚转位肢的绳索松紧要适度，绳结既要牢固又要易于解脱。

第四章 消毒与灭菌

消毒的目的是杀灭病原微生物，从而预防和阻断传染病的发生和流行。消毒主要是针对病原微生物和其他有害微生物；灭菌是消除或杀灭一切活的微生物，包括致病性与非致病性微生物。对消毒灭菌效果的微生物检测，可确定消毒灭菌对象的安全维持期，便于消毒计划的制订与实施。

消毒(disinfection)：杀死物体上病原微生物，但不一定杀死全部微生物的方法。用以消毒的药品称为消毒剂(disinfectant)。一般消毒剂在常用浓度下，只对细菌的繁殖体有效，对于细菌的芽孢则需要提高消毒剂浓度和延长消毒时间。

灭菌(sterilization)：杀死物体上包括细菌芽孢在内的所有病原性和非病原性微生物的方法。因此，灭菌比消毒的要求高。

消毒与灭菌技术的选择，取决于多种因素。在实际工作中应根据消毒灭菌的对象、目的和条件的不同，选择不同的方法。

第一节 实验品的消毒与灭菌

一、化学消毒法

化学消毒主要是应用化学药品，如酒精、新洁尔灭、洗必泰、杜灭芬、甲醛和过氧乙酸等，来杀灭实验器械和器皿表面的微生物。由于化学消毒剂不能浸入油脂杀灭其中的细菌，因此涂有油脂的器械或物品浸泡前必须除去油脂。化学消毒剂有刺激性和毒性，凡用化学消毒剂浸泡器械，在使用前必须用灭菌生理盐水冲洗。

利用化学药物杀灭病原微生物的方法，称为化学消毒法。用于消毒的化学药物被称为化学消毒剂。

化学消毒剂可按下列方法分类：

1. 按物理性状分类

(1)固体消毒剂：主要有漂白粉、二氯异氰尿酸钠、氯已定(洗必泰)、三氯散等。

(2)液体消毒剂：主要有过氧乙酸、戊二醛、过氧化氢、乙醇等。

(3)气体消毒剂：主要有环氧乙烷、环氧丙烷等。

2. 按杀菌强弱分类

(1)高效消毒剂：是指能完全杀灭包括细菌芽孢在内的各种微生物的一类化学消毒剂。主要有环氧乙烷、过氧乙酸、过氧化氢、戊二醛、二氧化氯、次氯酸钠、优氯净等，其中环氧乙烷、戊二醛可作为杀菌剂。

(2)中效消毒剂：能杀灭除细菌芽孢之外的各种微生物的消毒剂，主要有酚类消毒剂、碘伏、乙醇等。

(3)低效消毒剂:只能杀灭部分细菌繁殖体、部分真菌和病毒,不能杀灭细菌芽孢和结核杆菌,亦不能灭活 HBV 等病毒,这类消毒剂主要有氯已定、三氯散、季铵盐类等。

3. 按化学性质分类

(1)醛类消毒剂:甲醛(浸泡、熏蒸)、多聚甲醛、戊二醛等。

(2)含氯消毒剂:二氯异氰尿酸钠(优氯净)、次氯酸钠、漂白粉等,用于环境消毒。

(3)季铵盐类消毒剂:新洁尔灭(洗手、淋浴)、消毒宁、洗必泰、消毒净等。

(4)酚类消毒剂:烷基化氯酚、烷基化酚、间苯二酚、卤化酚、乙酚、甲酚,常用煤酚皂溶液(来苏儿),用于脚池、车辆消毒池、地面消毒。

(5)过氧化物类消毒剂:过氧乙酸、过氧化氢、臭氧等,常用于浸泡、喷雾、熏蒸消毒。

(6)含碘消毒剂:碘酊、碘伏(碘与表面活性剂等的不定型结合物能逐渐释放碘以长时间杀菌),常用于消毒皮肤、伤口等。

(7)醇类消毒剂:乙醇、丙醇、丁醇、戊醇等,常用于皮肤消毒。

(8)杂环类消毒剂:主要有石炭酸、六氯酚、煤酚皂溶液等。

(9)其他消毒剂:主要有双胍类消毒剂,代表产品有氯已定;高锰酸钾;氯羟二苯醚,代表产品有三氯散;酸碱类有乳酸、强氧化高电位酸性水等。

上述各类化学消毒剂以单药形式使用只占很少一部分,目前应用的消毒剂大部分为以某种成分为主配制的各种复方消毒剂。

理想的消毒剂应符合下列条件有:①杀菌谱广;②作用速度快;③无毒、无味、无刺激、无腐蚀;④性能稳定,易储存便运输;⑤易溶于水,使用方便。

二、物理消毒法

物理消毒灭菌法是利用物理因子杀灭微生物的方法。包括热力消毒灭菌、辐射消毒、空气净化、超声波消毒和微波消毒等。

(一)热力消毒灭菌法

热力消毒方法是杀菌最可靠又安全的方法,而且操作简单,价格低廉,适用于一些耐热用具的消毒。高温能使微生物的蛋白质和酶变性或凝固(结构改变导致功能丧失),新陈代谢受到障碍而死亡,从而达到消毒与灭菌的目的。

热力消毒灭菌法分为干热消毒灭菌法、湿热消毒灭菌法。

1. 干热消毒灭菌法

干热是指相对湿度在 20%以下的高热。干热消毒灭菌是由空气导热,传热效果较慢。一般繁殖体在干热 80～100℃中经 1 h 可以杀死,芽孢需 160～170℃经 2 h 方可杀死。

(1)燃烧法:是一种简单、迅速、彻底的灭菌方法,因对物品的破坏性大,故应用范围有限。燃烧法又分为烧灼法和焚烧法。

(2)干烤法:利用电热烤箱的热空气消毒灭菌。当需要灭菌物品量较少,且物品为耐高温的搪瓷、金属、玻璃、橡胶类时多采用该方法。

干热灭菌法多应用于科研、医疗等方面,在屏障系统内较少使用。

(3)红外线辐射:红外线是一种 0.77～1 000 μm 波长的电磁波,有较好的热效应,尤以 1～10 μm 波长的热效应最强,亦被认为一种干热灭菌法,多用于医疗器械的灭菌。

2. 湿热消毒灭菌法

湿热消毒灭菌是由空气和水蒸气导热，传热快，穿透力强，比干热火菌法所需温度低、时间短。

(1)煮沸法：将水煮沸至100℃，保持5～10 min可杀灭繁殖体，保持1～3 h可杀灭芽孢。在水中加入碳酸氢钠至1%～2%浓度时，沸点可达105℃，能增强杀菌作用，还可去污防锈。此法适用于不怕潮湿且耐高温的搪瓷、金属、玻璃、橡胶类物品。

煮沸法多用于科研、医疗等方面，在屏障系统内较少使用。

(2)高压蒸汽灭菌法：高压蒸汽相对湿度在80%～100%的高温空气称湿热空气，由于湿热空气中物品容易湿润，导热加快而消毒效果好。若使用高压蒸汽消毒效果更好。高压蒸汽灭菌是一种可靠的灭菌方法。它能杀死一切微生物，它的特点是杀菌可靠、穿透力强、经济、快速、无毒性。高压蒸汽灭菌器分普通高压蒸汽灭菌器和预真空高压蒸汽消毒器，从消毒效果上来说后者灭菌时间短，灭菌可靠性高，损坏灭菌物品程度轻，节省能源、人力和物力，操作简便等优点。

高压蒸汽灭菌器装置严密，输入蒸汽不外逸，温度随蒸汽压力增高而升高，当压力增至103～206 kPa时，温度可达121.3～132℃。高压蒸汽灭菌法就是利用高压和高热释放的潜热进行灭菌，为可靠而有效的灭菌方法。适用于耐高温、高压，不怕潮湿的物品，如敷料、手术器械、药品、细菌培养基等。

高压蒸汽灭菌的关键是为热的传导提供良好条件，而其中最重要的是使冷空气从灭菌器中顺利排出。因为冷空气导热性差，阻碍蒸汽接触欲灭菌物品，并且还可减低蒸汽分压使之不能达到应有的温度。

(二)紫外线消毒法

紫外线因其光谱位于紫色可见光之外，故称紫外线。紫外灯杀菌力较强的波段为250.0～280.0 nm，最佳杀菌波长为253.7 nm(是细菌对紫外线吸收最快的波长)，也是紫外灯所采用的波长。

各种微生物对紫外线的耐受力不同，真菌孢子的耐受力最强，细菌芽孢次之，细菌繁殖体的耐受力最差，但也有少数例外。

在生物洁净室或生物安全实验室内使用紫外线消毒时，由于室内洁净度的要求，一般不采用悬吊式安装方式，因为这样容易沉积灰尘。通常采用的安装方式有如下两种：

(1)固定式：即将灯管紧贴在天花板或墙壁上，通过空气的人工交换或自然交换，使室内的全部空气都得到消毒。

(2)移动式：用几支紫外灯管集中安装在铝制圆筒内，在一端安装风扇制成移动式紫外线空气消毒设备。

需要指出的是，使用紫外线只能对其所能照射到的表面进行消毒，紫外线无法穿透排泄物、分泌物，也不能照到被遮盖的阴暗处。

(三)空气过滤除菌

1. 作用机制

高效空气过滤器是空气洁净技术的主要方法，一般的高效过滤器可以有效地清除空气中0.3 μm以上的粒子，其过滤效率为99.9%以上。

高效过滤器的滤材是由许多紧密排列的纤维组成，纤维间的孔隙并不是十分均匀的，有的孔隙可能大于拟除去的粒子，但它仍可除去小于其孔隙的粒子，这是由它的滤除机制决定的。

2.微生物大小和过滤效率

悬浮在空气中的细菌单体一般在0.4～10 μm，多数又在1 μm以上。而高效过滤器的穿透率对细菌(1 μm)为0.000 1%，对病毒(0.03 μm)为0.003 6%。所以高效过滤器对细菌的过滤效率从理论上讲可视为100%。

3.过滤器及其分类

过滤器一般由外框、支架(或称隔板)和滤材组成。滤材在滤器中的固定形式有平面式和折叠式，近几年国内也有无隔板滤器和袋式滤器。

(1)初效过滤器：其过滤效率最低，一般作为其他过滤器前的预滤器，它可以保护其后面的过滤器，延长后面过滤器的使用寿命。粗效过滤器的性能主要用以≥10 μm粒子过滤效率作为标准。

(2)中效过滤器：它主要用来过滤1～10 μm的气溶胶粒子，用于通风量较大、过滤效率要求不高的场合，或高效、超高效滤器前，以保护其后的过滤器。

(3)亚高效过滤器：它的过滤效率仅次于高效过滤器，在要求不太高的生物净化室中使用，既能达到一定的净化效果又能降低建造成本和运行费用。亚高效滤材主要有玻璃纤维滤纸、过氯乙烯纤维滤布、聚丙烯纤维滤布。

(4)高效过滤器：在过滤效率要求较高的场合应用最广的一种。它使用的材料主要有玻璃纤维、石棉纤维、聚乙烯纤维等。高效空气过滤器主要是过滤0.3～1.0 μm的尘粒。

(5)超高效过滤器：它是目前级别最高的过滤器，用于洁净度要求极高的场所。测试时以0.09～0.188 μm的粒子浓度计算过滤效率，主要滤材是超细玻璃纤维。

(四)辐射消毒法

放射性^{60}Co辐射保藏食品与消毒、灭菌，是核工业应用于人们生活中的一种新技术。

1.剂量的选择

待消毒灭菌的物品，由于供货厂家不同，原始染菌水平不同，物品成分状态不同以及消毒灭菌要求的标准不同而辐射剂量有很大的差别。

在辐射灭菌中，并不要求对污染微生物的种类做出微生物学分类鉴定。因此，在考虑污染微生物种类时，只需测定抗辐射菌的D_{10}值，亦把它们作为灭菌效果的指示菌。国际上一般用短小芽孢杆菌E_{601}作为指示菌。

D_{10}值是指杀灭90%微生物所需的辐射剂量。最常用的办法是用存活曲线标出D_{10}值。

2.辐射灭菌的特点

辐射处理饲料与传统方法相比，它的优点是：能很好消灭微生物，延长饲料的保存时间；射线穿透力强，可透过重重包装，所以可在不打开包装的情况下进行；射线处理无须加热，因此辐射消毒的饲料，在外形和品质上与新鲜饲料几乎没有差别；射线处理不会留下任何残留物，这和化学药剂熏蒸法比较起来有较大的优势。

(五)微波消毒

微波是一种波长为1 mm至1 m(介于红外线和无线电波之间)、频率在300～3 000 MHz的电磁波。干燥和消毒采用工作频率为915 MHz和2 450 MHz两个专用频率。

微波杀菌作用速度快、杀菌谱广、能耗低。

微波对不同的材料具有不同的反应，对各种金属材料几乎全部反射，不吸收也不穿透；对玻璃、陶瓷、塑料几乎全部穿透且较少吸收；对生物体、水及含水材料具有良好的吸收性能并可产生热能转化。微波的这些特性在消毒灭菌方面具有重要指导作用。

第二节　实验器械与物品的消毒与灭菌

灭菌室人员要做好供应洁净区内所用物品的计划，及时请（购）领、检查、保管、维修和统计物资和设备，开展灭菌技术的研究工作，定期和洁净区检测人员进行灭菌效果的测定，定期检查灭菌操作程序的执行情况和各种消毒剂的浓度，鉴定器材和物品的灭菌效果。灭菌室人员还应熟练掌握各类物品的物理、化学灭菌技术和标准操作规程，及时对洁净区送来及拟进入洁净区的物品进行回收、清洗、包装及灭菌工作，做好对污物和动物尸体的冷藏及无害化处理工作。总之，洁净区所需的物品、动物、水、器材均由灭菌室供应，特殊用具由项目责任人委托准备，送洗消室灭菌。

一、物品进入屏障设施的消毒

进入实验动物屏障设施内所涉及的物品范围广、品种多、数量大、无菌技术要求严格，负责灭菌工作的操作人员必须严格执行净化操作规程。

（一）常用物品的种类

进入实验动物屏障设施的物品种类繁多，概括起来有如下几类。

（1）玻璃类：含注射器、试管、烧杯、量筒、培养皿等。

（2）金属类：含各类器械、针头和各种小型仪器设备、笼架、笼盒、容器等。

（3）塑胶类：各类实验用胶管、连接管、塑料动物笼盒及容器等。

（4）棉布、纱布类：棉球、纱布、工作服、帽、鞋、创巾、创布等。

（5）液体：实验用水、卫生用水、动物饮用水、试剂、琼脂等。

（6）饲料：动物用颗粒饲料、粉状饲料及特殊要求的饲料。

（7）垫料：刨花、纸屑等。

（8）纸张：各种记录用纸、资料等。

（9）动物：各种不同包装容器内的动物。

（二）常用物品的灭菌方法

实验动物屏障设施内物品常用的灭菌方法有以下几种。

（1）高温干燥灭菌：是指在干燥空气中用加热方式进行灭菌的方法。灭菌条件是：160℃ 2～4 h，或 135～145℃ 3～5 h。

（2）高压蒸汽灭菌：是指采用饱和水蒸气加热方式进行灭菌处理的方法。一般条件是：115℃（0.7 kg/cm^2）30 min，121℃（1.0 kg/cm^2）20 min，126℃（1.4 kg/cm^2）15 min。对特殊的物品应调整温度和时间，且对每次灭菌必须使用生物指示剂分别检查灭菌效果。

（3）气体灭菌：是用产生气体的物质杀灭微生物的方法，如甲醛熏蒸、环氧乙烷气体灭菌等，甲醛熏蒸灭菌条件是 10～15 mL/m^3，环氧乙烷灭菌条件是 900 mg/L 8 h（26～32℃），对后者应严格控制残留气体的副作用，使被灭菌物（空间）残留气体稀释到安全浓度后方可使用。

（4）过滤除菌：是选用适当的过滤材料对液体或空气进行过滤除菌的方法。常用初、中、亚高、高效过滤器进行空气过滤。

(5)辐射灭菌：采用放射线杀死微生物的方法，常用^{60}Co、紫外线等。

(6)其他灭菌方法：除上述常用灭菌方法外，可根据具体情况实施煮沸灭菌、化学药物灭菌等方法。

(三)常用大型、特殊物体的净化方法

对实验动物屏障设施内大型、特殊物品的净化常用的方法有以下几种。

(1)液体方式净化：用液体对污染物进行溶解后，再用机械方法清除。净化处理应按照粗洗、中洗、精洗的过程逐步提高水的质量。

(2)气体方式净化：采用喷吹(吸纳)气流方式吹(吸)掉在物品表面的污染物。喷吹方式应在洁净区外进行，洁净区内多采用吸纳方式，如密封式吸尘机。

大体积物品的净化应在洁净区外采用喷吹方式进行粗净化，再用液体方式净化包括使用灭菌液体擦拭，以达到净化要求；小体积物品净化亦在洁净区外粗净化，再用液体方式净化，待彻底灭菌后将物品放入灭菌搬运箱内经传递窗或渡槽传入洁净区。

(3)动物笼架具的净化：动物笼架具应定期更换和洗刷，除每天用消毒液擦拭，每一项试验结束后都应进行彻底清洗消毒。洁净区内清扫用具每天都用过氧乙酸液浸泡，并定期进行高压灭菌。

二、物品的管理

与动物生产、实验或设施管理无关的一切物品，均不得传入设施。必须传入设施的有关物品在进入设施之前，必须根据设施环境标准，接受相应的消毒处理。对于进入普通设施的物品，凡可能携带动物病原者，必须经过有效的消毒处理后，再传入普通环境。对于进入屏障设施的物品，由于高压蒸汽灭菌器、渡槽、传递窗/间等设备的消毒可靠性依次降低，所以在使用中，凡能耐高温高压灭菌的物品，如垫料、猴服、笼具、饮水瓶、某些工具和未经^{60}Co照射灭菌的饲料等，均应先经过包装处理，再经过高压蒸汽灭菌后传入屏障环境；虽不宜用高压蒸汽灭菌但能用药物浸泡消毒的物品，如拖鞋、塑料容器、某些工具和经^{60}Co照射灭菌的饲料等，均应经过药物浸泡，由渡槽传入屏障环境；不宜用高压蒸汽灭菌也不能用药物浸泡消毒的物品，如记录用纸、笔、某些工具和实验材料等，需经传递窗/间消毒处理后传入屏障环境。对于进入隔离设施的一切物品，均应先经高压蒸汽灭菌处理，再传入隔离器。

三、仪器设备进出实验室操作程序

(一)仪器设备进出实验室的一般要求

(1)所有物品在进入清洁区前必须选择合理的方式进行充分全面的灭菌消毒。根据实验用仪器和物品理化性质的不同选择适当的消毒方式。

(2)各类饲养用物品由管理人员负责准备。根据实验数量、动物种类和数量，对相应所需的各种物料如饲料、垫料、各种用具等进行必要的储备，确保实验工作的顺利进行。

(3)各类实验用物品一般情况下由实验人员根据实验需求进行准备，并由管理人员确定其消毒方式。

(二)仪器设备常用消毒方式

(1)通过高压蒸汽灭菌器消毒：对于耐高温、高压的物品，如无菌服、笼具、饮水瓶、垫料、记录用纸或未经^{60}Co照射灭菌的特殊饲料等，均应先经过包装处理，再经过高压蒸汽灭菌器灭菌后传至清洁区内。

(2)通过渡槽消毒:适用于不宜用高压蒸汽灭菌但能用消毒药液浸泡消毒的物品,如动物笼具、具有塑料包装的饲料等,经渡槽消毒后传至清洁区。

(3)通过传递窗消毒:适用于不宜用高压蒸汽灭菌亦不能用消毒药液浸泡消毒的物品,如小型仪器设备、试剂等,需经传递窗紫外线消毒后传至清洁区。

(4)通过环氧乙烷消毒:适用于既不宜用高压蒸汽灭菌,也不能使用消毒药液浸泡消毒,且紫外线消毒效果不好,采用环氧乙烷消毒方式。

(5)通过污物缓冲间、污染走廊进入实验室的消毒:适用于大型的仪器设备或物品等,此类物品既不宜用高压蒸汽灭菌也不能使用消毒药液浸泡消毒,且因物品体积过大而无法通过传递窗传递时,采用此种方式。

(三)仪器设备消毒注意事项

(1)使用高压蒸汽灭菌器消毒时,应注意消毒物品的摆放方式及对消毒效果的常规评价。如向高压蒸汽灭菌器内装载待消毒物品时,金属物品应放于布制或其他物品下面,以防止产生冷凝水而影响高温蒸汽的穿透力,从而影响消毒效果;叠放物品时,物品之间应留有一定的间隙,不能将物品摆放的太实、压得太紧,从而影响高温蒸汽的穿透;不宜装得太满,一般物品体积不能超过高压蒸汽灭菌器容积的2/3。

(2)使用渡槽消毒时,应注意物品间要留有一定的间隙,不能将物品叠放的太紧密,造成消毒药液无法对消毒物品表面进行充分消毒而影响消毒效果。此外,渡槽内的消毒药液要根据消毒物品的数量及消毒药品的稳定程度,定期更换渡槽内的消毒药液。

(3)使用传递窗进行消毒时,禁止将物品叠放在一起,且消毒前应先清洁物品表面以避免影响消毒效果;对紫外灯的照射强度应经常性的进行检测,一般需一年更换一次紫外灯管。

(4)通过环氧乙烷消毒时,用塑料包装袋将仪器设备进行包装,并留好环氧乙烷的注气孔;在注入环氧乙烷时,必须十分小心,远离火星或火源,以免发生危险;向塑料包装袋内充注的环氧乙烷不宜过多,将包装袋胀起即可。

四、饲料接收操作程序

(一)饲料的采购、储运和接收

实验动物饲料是实验动物唯一的食物来源,为满足实验动物对饲料营养和卫生的要求,其饲料的品种、质量和卫生标准必须与所饲养的实验动物和有关饲料标准相符合。因此,实验动物饲料必须来自具有实验动物饲料生产许可证的单位,且每批饲料都应附有质量合格证明。在饲料的运输过程中,应保持装卸轻拿轻放,运输车辆要清洁、干燥,包装无破损,避免一切生物和化学污染。在饲料储存上,一方面,应将饲料存放在固定的专用储存间并离地而放,保持储存环境低温、干燥和卫生,避免野鼠、虫媒的生物污染及其他化学性污染(蔬菜、水果和肉类等易腐败的饲料应放入冰箱储存);另一方面,为防止因长期放置而变质或被污染,饲料的存放期一般不应超过1个月,尤其是易腐败的饲料,其保质期往往只有几天,更应引起注意。常规的做法是:在购进或消毒后,标注其使用许可期限;日常使用时,应根据库存情况先用陈料,过期、变质和受污染者均不得饲喂动物。

(二)饲料的消毒

普通动物的饲料无须消毒净化，但蔬菜、果类食品要清洁；清洁级以上动物所食用的饲料应经过^{60}Co照射(应首选此方法)或高压灭菌处理。^{60}Co照射灭菌时，其照射剂量为：清洁级和SPF级饲料2.5～3.0 Mrad，无菌饲料5.0 Mrad。高压蒸汽灭菌时，应按照固型物的灭菌方法设定灭菌参数。

(三)饲料接收注意事项

(1)外购饲料一定要到具有实验动物管理部门颁发的许可证的厂家购买。注意生产日期、生产批号并登记备案，以便在饲料出现污染或其他异常情况时，容易分析原因。另外，要向生产单位索要饲料的各种检测报告。

(2)注意贮存日期、贮存方法，尽量缩短饲料的贮存时间。应贮藏在专用的冷库或在阴凉、通风、干燥的成品料库房内，防止霉变和野鼠等。

(3)对SPF级以上动物饲料，要了解其消毒方法、消毒效果、消毒日期。SPF级以上动物饲料一般采用^{60}Co灭菌消毒，每批饲料在使用前，需做无菌检验。使用时，要仔细检查有无破损；消毒时间过长或包装破损、受到污染的饲料需重新进行消毒处理。

(4)饲料进入清洁物品贮藏间时，一般经过消毒液体渡槽传进，通过检查包装饲料的纸袋是否浸湿来判定饲料包装有无破损，防止破损的饲料污染设施。消毒液可用1∶200倍稀释的百毒杀，但需根据消毒物品的多少决定消毒液的更换时间，一般连续使用1周后需重新更换。

(5)尽量将饲料直接贮藏在设施的清洁物品贮藏间内，饲料消毒后，存放时间不得超过1个月。

第三节　实验人员、动物饮水及设施的准备与消毒

一、人员出入设施的管理

(一)人员出入设施的管理原则

出入实验动物设施的所有人员，不仅要符合从业人员的基本要求，还要符合下列要求：养成良好的无菌卫生观念，经常洗澡、修剪指甲，勤洗换衣服，不抓耳挠腮；患有皮炎、感冒、肠炎等传染性疾病和过敏者，不得进入；男士不蓄留长发和胡须，女士不化妆。进入设施时，不准携带钥匙、手表、手机、饰物等与作业无关的物品；进入设施后，要随手关好每一道房门，不得解、脱工作服，更不得吸烟、饮食和嬉戏打闹。按照净化控制程度(参见GB 14925《实验动物 环境及设施》)，实验动物设施分为普通环境设施(Conventional Environment Facilities of Laboratory Animal)、屏障环境设施(Barrier Environment Facilities of Laboratory Animal)和隔离环境设施(Isolation Environment Facilities of Laboratory Animal)。出入不同等级设施的人员，还应严格执行相应等级设施的具体要求和操作规程。

(二)出入普通环境设施的管理要求

普通环境设施虽为开放环境，但由于其内饲养的是活的实验动物，在为动物提供基本居住条件的同时，对进出设施的人员还要进行基本的控制，避免所饲养的动物发生疾病。首先，无关人员不得入内。其次，出入设施的所有人员不得携带与环境管理、动物饲养、动物实验等无

关的物品，并应严格执行卫生消毒和防疫制度。常规要求是：欲进入者应先进行洗手消毒，更换消毒过的工作服、鞋、帽、手套和口罩，然后进入设施开展有关工作；工作完毕离开设施时，应将脱下的工作服、鞋、帽、手套和口罩放入指定位置，以便集中管理和消毒。尤其是在出入生产区、实验区、隔离检疫区之间时，更应严格执行上述要求。

(三)出入屏障环境设施的管理要求

屏障环境设施为净化环境，无关人员不得进入设施内环境。有关工作人员进出设施内环境时，必须严格执行进出程序：进入屏障设施的办公休息、洗刷消毒等外环境时，就应换着已消毒的外区拖鞋；进入一更衣间后，将随身携带的所有物品放入储柜内(需传入屏障内的物品应经传递窗/间传递)，并脱去全部衣物(无淋浴装置者，只脱去外衣)，然后进入淋浴间(无淋浴装置者，应有消毒间)进行淋浴(或手消毒并脱去外区拖鞋)。赤脚进入二更衣间后，按照"穿上衣→戴口罩→穿裤子(上衣下摆要掖于裤子之内)→穿拖鞋→戴手套"的顺序，穿着已消毒的工作服装。经过风淋或缓冲后，进入屏障设施内开展相关工作。进入屏障设施之后的流动路线：对于双走廊设施，应按照最洁净区(清洁走廊、洁净库房等)→洁净区(动物饲养间或实验间)→次洁净区(污物走廊、出口缓冲间)→非洁净区(外环境)的顺序进行流动；对于单走廊设施，应按照洁净区(清洁走廊)→最洁净区(洁净库房、动物饲养间或实验间等)→洁净区(清洁走廊)→次洁净区(出口缓冲间)→非洁净区(外环境)的顺序进行流动。回到一更衣间后，将工作服脱下并换着便衣。最后，于屏障设施出入口换着便鞋，离开屏障设施。

(四)出入隔离环境设施的管理要求

隔离环境设施系在洁净环境的内部加装无菌隔离装置而形成的无菌环境，其内的动物和各种物料的传递须经无菌传递系统，空气须经无菌过滤系统来实现。人员不能进入隔离环境内部，只能在隔离环境之外的洁净环境，借助隔离器的手套，间接地接触隔离器内的动物和物料。因此，对人员出入的管理要求与屏障环境设施的管理要求相同。

二、动物的饮水管理

(一)饮水要求

按照国标要求，普通级实验动物饮水应符合《生活饮用水卫生标准》(GB 5749)的要求，即动物可以直接饮用合格的自来水；而清洁级以上动物的用水(包括动物饮用和其他用水)应为无菌水。屏障设施内实验动物的饮水一般是将符合国家饮用水标准的自然水经高压灭菌器消毒后使用；清洁级动物的生产、繁殖、实验等可以采用超级过滤、紫外线、活性炭、逆渗透等技术，确保实验动物的饮用水达到无菌要求。除实验需要限量之外，动物的饮水通常为自由饮用。动物的饮水器有自动饮水器、饮水瓶/盆等。在使用自动饮水器时，应经常检查饮水器及其管路装置是否完好、有无堵塞和污染等问题，并对饮水器及其管路装置进行定期消毒，从而确保水源的充足和洁净。在使用饮水瓶/盆饲养动物时，为保持饮水的充足和洁净，要求每天下午下班前，瓶/盆中的剩水不少于一半，而每瓶/盆水的最长饮用时间应不超过 2 d，所以除每周 2 次的整批更换饮水之外，每天还要检查和补充饮水。具体操作要求是：在饲养清洁级以下的动物时，其饮水瓶/盆可以实行多次灌水、定期消毒(每 2 周至少应彻底洗刷消毒 1 遍)的原则；饲养 SPF 级以上的动物时，其饮水瓶必须实行每次更新消毒的原则。即便是多次灌水、定期消毒的饮水瓶/盆，在每次灌水前，也应将剩水全部倒掉并用净水将瓶/盆内外冲洗干净(将存有污垢者随时剔除并进行洗消处理),将饮水嘴和瓶塞用药物有效消毒后再用净水冲洗干净;加水时,应将饮水瓶/盆接近注满净水,并将瓶塞压紧、饮水嘴外露长度适当(以免漏水);安放水瓶时,应按固定位置将水嘴插入水嘴孔中,以便于动物饮水并避免漏水和动物逃逸。

(二)饮水检测

每月进行一次无菌检测。较简单的方法是无菌取样,用肉汤增菌培养 24 h 后进行培养基培养 48 h,看有无菌落生长。

三、设施的消毒与灭菌

新建、改建或污染后的屏障设施启用前均必须进行一系列严格的净化处理。通过对设施的消毒与灭菌,达到净化要求。

(一)净化程序

1.除尘

用洁净水加洗涤剂对屏障设施内所有各区域的天花板、墙壁、地面、门窗等进行彻底的擦拭,除去这些平面的灰尘、污垢,达到清洁除尘的目的。

2.药液擦拭消毒

用新洁尔灭、消毒灵、碘伏等不同消毒药依次对屏障区的所有平面进行擦拭消毒(擦拭时抹布尽量不要拧干),每用一种药液擦拭完毕后,须经一定的作用时间,再用另一种药液进行擦拭,以达到彻底消灭各种病原微生物的目的。

3.喷雾消毒

喷雾消毒主要是杀灭屏障设施内空气中浮游的病原微生物和对无法擦拭的各个角落和缝隙进行消毒的一种方法。消毒前,关闭所有与非屏障区相通的门窗,关闭空调机组和送、排风机组。然后用事先配制好的对细菌、病毒及寄生虫有良好杀灭效果的 2%过氧乙酸药液对屏障设施内所有区域的空间和角落及缝隙进行喷雾消毒,24 h 后开启送、排风机组,排出室内残留的药物气味。喷雾时,人员应佩戴防毒面具,穿上连体工作服,戴乳胶手套。

4.熏蒸消毒

(1)准备:根据屏障设施内环境面积的大小,按 4～6 m^2 放置一个瓦钵的比例,计算好所需瓦钵的数量,然后将瓦钵及连体工作服、口罩、手套等放入高压蒸汽灭菌器内进行消毒灭菌。装有高锰酸钾和甲醛的试剂瓶,用消毒液进行表面消毒处理后,放入传递窗,经紫外灯消毒灭菌处理后传入洁净区待用。关闭送、排风机组。

(2)熏蒸:人员按入室要求的程序进入屏障设施内,由屏障设施外工作人员将前更衣室的门用密封胶带封严。入室人员穿戴好灭菌的连体工作服、口罩、手套后,分别从高压蒸汽灭菌器和传递窗内侧门取出瓦钵和高锰酸钾、甲醛试剂瓶,然后按各室的大小放置不同数量的瓦钵,接着从进入屏障设施的最前端(后更衣室)开始向远离入室的方向,按照每 15 g/m^3 高锰酸钾配 30 mL 甲醛的比例,依次向瓦钵中倒入高锰酸钾粉末和甲醛溶液,并迅速后撤,最后退出屏障设施,同时用封口胶带将所有与非屏障区相通的门窗及进、排风口、电源插座等密封,48 h 后开启送、排风机组,排出屏障设施内的药物气味。

(二)送风管道的净化

送风管道净化处理的好坏直接影响屏障设施内环境的净化效果以及高效过滤器的使用寿命。在安装高效过滤器前开启送风机吹净风管内尘埃后进行药液擦拭和熏蒸消毒,若管道过于狭窄无法洁净擦拭,可直接熏蒸后再安放高效过滤器。

在全部净化过程完了之后,需对屏障设施内各区域的空气洁净度和微生物进行检测,合格后方可使用,否则需要重新净化。

第五章　注　射　法

将一定量的液态受试物，经皮内、皮下、肌肉、腹腔及血管等途径注入体内，使受试物达到局部或全身分布的方法称注射法。注射方法是最常用的受试物给予途径之一。在进行注射时，要遵循以下原则。

(1)防感染。首先要严格遵守无菌操作原则。注射前必须洗手、戴口罩，衣帽整洁。无菌注射器及针头必须用无菌镊子夹取，针筒内面、活塞、针头及针梗与针尖均应保持无菌。其次要严格消毒。注射部位皮肤用棉签蘸 2%碘酊，以注射点为中心，由内向外呈螺旋形涂擦，直径应在 5 cm 以上，待干后用 70%酒精以同法脱碘，酒精干后，方可注射。第三，选择合适的注射部位，不能在有炎症、化脓感染或皮肤病的部位进针。

(2)防差错。要在注射前、中、后三看标签，仔细查对，以免遗漏或错误。注射前还必须严格检查受试物质量，严格检查受试物有无变质、沉淀或混浊，是否已失效，安瓿或密封瓶有无裂痕等现象，如有则不能使用。另外，注射前要确定注射途径准确无误。受试物注入体内吸收最快是静脉，次之是肌肉及皮下，但必须严格按要求准确按时给予。注射用受试物应现用现配，无论是皮下、肌肉、静脉注射，进针后注射前，都应抽动活塞，检查有无回血。皮下、肌肉注射不可将受试物直接注入血管内，但静脉注射必须见回血后，方可注入。同时注射几种受试物时，应注意受试物的配伍禁忌。

(3)防意外。注射前要对器械进行认真的检查。①必须排尽注射器内的空气，以免空气进入血管形成栓子。②注射前备有血管钳，以保证急用。③注射器应完整无裂痕，空筒与活塞号码相一致，注射器针头与针栓必须紧密衔接，以防漏气。④针头大小合适，针尖锐利无弯曲(尤其注意针梗与针栓衔接处有无弯曲)。⑤不宜在硬结和疤痕处进针。⑥掌握正确的进针方法，如肌内注射时应以前臂带腕部力量垂直快速进针，并注意留针(针梗)于皮肤外 1/3。⑦选择合适的注射部位，避免损伤神经和血管。

第一节　皮内注射法

皮内注射法是将小量受试物注入表皮与真皮之间的方法。常用于进行各种受试物过敏试验，以观察局部反应、预防接种以及作为局部麻醉的先驱步骤。

一、皮内注射方法

皮内注射操作时，应先将注射部位及其周围的被毛用弯剪剪去，然后用硫化钡或除毛霜除毛，间隔 1 d 以后进行注射。注射时，用酒精棉球局部消毒。然后用左手将皮肤捏成皱襞，右手持注射器，使针头与皮肤成 30°角刺入皮下，然后将针头向上挑起并稍刺入，即可注射。注射后，可见皮肤表面鼓起一小丘，同时因注射部位局部缺血，皮肤上的毛孔极为明显，见图 5-1。有些雄性动物皮肤紧密，皮内注射时较雌性动物难度大，这一点，实验者应予以注意。

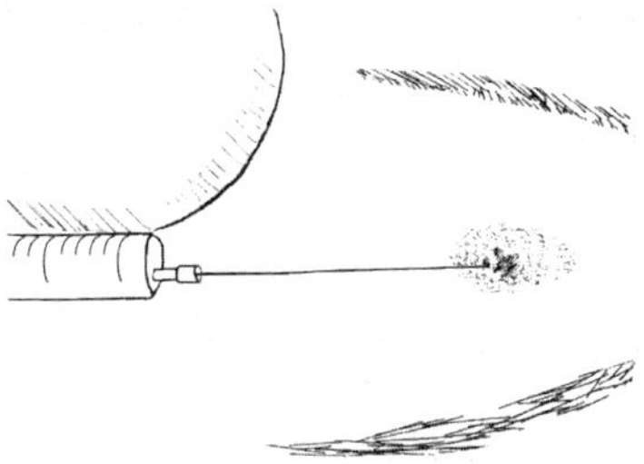
图 5-1　皮内注射

二、常用实验动物的皮内注射部位

小鼠、大鼠、豚鼠、兔子等常用实验动物的皮内注射通常都选用背部脊柱两侧的皮肤。

三、皮内注射注意事项

皮内注射的注意事项有：①进针要浅，避免进入皮下；②注射时会感到有很大的阻力，所以注入药液时要缓慢；③当药液进入皮内时，可见到注射部位皮肤表面马上会鼓起，形成小丘疹状隆起的小包，此小包如不很快消失，则证明药液注入皮内，注射准确；④注射后保持 2～5 min 再拔出针头，否则药液会从针孔漏出；⑤注意各种实验动物一次皮内注射药液量，如小鼠皮内一次注射量不超过 0.05 mL，大鼠不超过 0.1 mL，豚鼠为 0.1 mL，家兔约为 0.1 mL。

第二节　皮下注射法

一、皮下注射方法

操作时，先用酒精棉球消毒需注射部位的皮肤，再将皮肤提起，用注射针头穿刺入皮下。一般先沿总轴方向刺入皮肤，再沿体轴方向将注射针推进 10 mm 左右。若左右摆动针尖很容易，则表明已刺入皮下。然后轻轻抽吸，如无回流物即可缓缓注射药液，见图 5-2。注射后，缓慢拔出注射针，稍微用手指压一下针刺部位，以防止药液外漏。

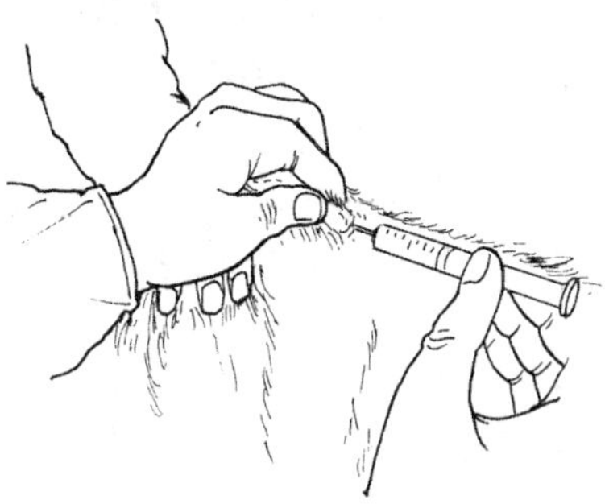
图 5-2　皮下注射

二、常用实验动物的皮下注射部位

小鼠皮下注射时，通常选用颈背部的皮肤。大鼠皮下注射时，通常选择颈背部的皮肤、左侧下腹部或后腿皮肤处。豚鼠皮下注射一般选择大腿内侧、背部、肩部等皮下脂肪少的部位，通常在豚鼠大腿内侧面注射。家兔的皮下注射一般选用背部和腿部皮肤。猫的皮下注射一般选用背部和腿部皮肤，有时选臀部皮肤。犬皮下注射时一般选用颈部及背部皮肤。由于猴的颈后、腰背皮肤疏松，可选择进行皮下注射，另外其上眼睑、大腿内侧上 1/3 处及臂内侧也可以进行皮下注射。禽类皮下注射通常选取翼下部位。

三、皮下注射注意事项

皮下注射的注意事项有：①要注意回抽，无回流物时方可注射，防止刺入血管引起出血；②刺入要有一定深度，并活动针头，防止刺入皮内；③注意各种实验动物一次皮下注射药液量，如小鼠皮下一次注射量为 0.5～1.0 mL/只，大鼠、豚鼠不超过 1 mL/100 g 体重，家兔、犬、猫、猴为 1.0～3.0 mL/只，禽类可注射 0.3～0.5 mL/只。

第三节　肌肉注射法

一、肌肉注射方法

操作者将实验动物臀部等注射部位被毛剪去，用酒精棉球消毒后，右手持注射器，使注射针与肌肉成 60°角一次刺入肌肉中。注射之前，要先回抽针栓，如无回血则可注入。

二、常用实验动物的肌肉注射部位

因小鼠肌肉较少，一般不做肌肉注射。如实验必须做肌肉注射时，选小鼠一侧后肢大腿外侧肌肉注射。大鼠一般也不做肌肉注射，必要时，选后肢大腿内侧或外侧肌肉。豚鼠肌肉注射部位一般是选用后肢大腿外侧肌肉。家兔和猫的肌肉注射一般选用臀部肌肉。犬的肌肉注射一般选用臀部或大腿部的肌肉。猴常选用前肢肱二头肌和臀部肌肉进行肌肉注射。禽类肌肉注射常选取胸肌或腓肠肌注射。

三、肌肉注射注意事项

肌肉注射的注意事项有：①在选用大腿肌肉和臀部肌肉注射时应避免伤及坐骨神经，否则会导致后肢瘫痪；②为防止受试物进入血管，在注入受试物之前应回抽针栓，如无回血，则可注射；③注射完毕后，可用手轻轻按摩注射部位，帮助受试物吸收；④进针时要用腕力迅速刺入肌肉，以减少动物的疼痛；⑤注意各种实验动物一次肌肉注射剂量，如小鼠一次注射剂量不超过 0.1 mL，大鼠、豚鼠一次注射剂量不超过 0.5 mL，家兔、猫、犬、猴一次注射剂量不超过 2.0 mL。

第四节　静脉注射法

一、小鼠的静脉注射方法

小鼠一般采用尾静脉注射法。小鼠尾部血管在背、腹侧及左右两侧均有集中分布，每侧均由数对伴行的动、静脉组成的血管丛。在这些血管中有 4 根十分明显：背腹各有一根动脉，两侧各有一根静脉。两侧尾静脉比较容易固定。操作时，先将动物固定在固定器内或扣在烧杯中，使尾巴外露，尾部用 45～50℃的温水浸泡半分钟或用酒精擦拭使血管扩张，并可使表皮角质软化，然后将尾部向左或向右捻转 90°，使一侧尾静脉朝上，以左手拇指和食指捏住鼠尾上下，使静脉充盈，用中指和无名指从下面托起尾巴，右手持注射器(连 5 号细针头)，使针头与静脉平行(小于 30°)，从尾下 1/4 处(距尾尖 2～3 mm)进针刺入后先缓注少量药液，如无阻力，血管在瞬间变白，表示针头已进入静脉，可继续注入(图 5-3)。一般推进速度为 0.05～0.10 mL/s，一次注射量为 0.05～0.25 mL/10 g 体重。注射完毕后把尾巴向注射侧弯曲以止血，或者用消毒棉球压迫止血。如需反复注射，应尽可能从尾巴末端开始，以后向尾根部方向移动注射。

二、大鼠的静脉注射方法

大鼠的静脉注射主要有4种：尾静脉注射、阴茎静脉注射、浅背侧跖静脉注射和舌下静脉注射。

1. 尾静脉注射法

大鼠尾部血管与小鼠情况类似，在背、腹侧及左右两侧均有集中分布，每侧均由数对伴行的动、静脉组成的血管丛。在这些血管中有4根十分明显：背腹各有一根动脉，两侧各有一根静脉。两侧尾静脉比较容易固定。大鼠尾部皮肤常呈鳞片状角质化，因而将大鼠固定露出尾巴后，需先用酒精棉球强擦，使血管扩张，并可使表皮角质软化。然后，将尾部向左或向右捻转90°，此时尾部表面静脉怒张，以左手拇指和食指捏住鼠尾两侧，用中指从下面托起尾巴，以无名指和小指夹住尾巴的末梢，右手持注射器(带5号针头)，使针头与静脉接近平行(小于30°)，从尾下1/5处(距尾尖3～4 mm)处进针，此处皮薄易于刺入。先缓注少量药液，如无阻力，可继续注入。一般推进度为0.05～0.1 mL/s，一次注射量为0.5～1.0 mL/100 g体重。如需反复注射，应尽可能从尾端开始，以后向尾根部方向移动注射。

2. 阴茎静脉注射法

这是目前大鼠静脉输液、受试物给予的一种常用方法。将雄性大鼠麻醉后仰卧或侧卧，翻开包皮，拉出阴茎，背侧阴茎静脉非常粗大、明显，沿皮下直接刺入(图5-4)。

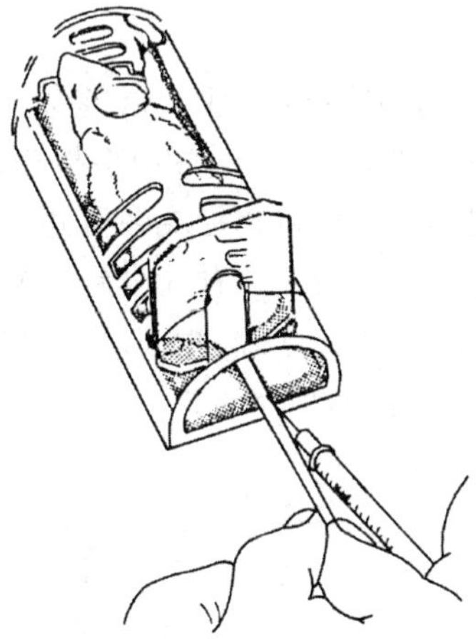

图5-3　小鼠尾静脉注射

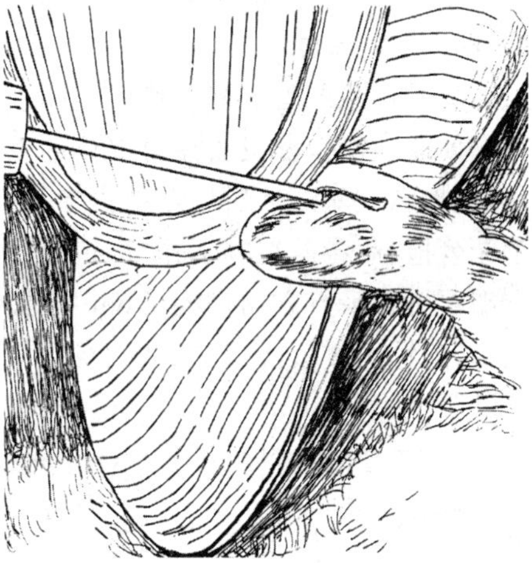

图5-4　大鼠阴茎静脉注射

3. 浅背侧跖静脉注射法

进行左后肢的浅背侧跖静脉注射时，助手用左手抓住大鼠的颈背部呈仰卧位(拇指按住右前肢，中指按住左前肢，食指抓住头颈部背侧皮肤，中指、无名指和手掌抓住背部皮肤)，用右手的拇指和食指夹住大鼠的左后肢的大腿部，同时用右手的中指和无名指夹住动物的尾部。操作者用酒精棉球清洗、消毒左后肢，用注射针对准扩张的浅背侧跖静脉血管刺针注射(图5-5)。

4. 舌下静脉注射法

大鼠舌下静脉粗大，可用于受试物给予。注射时，先麻醉好动物，再拉出舌头，找到舌下静

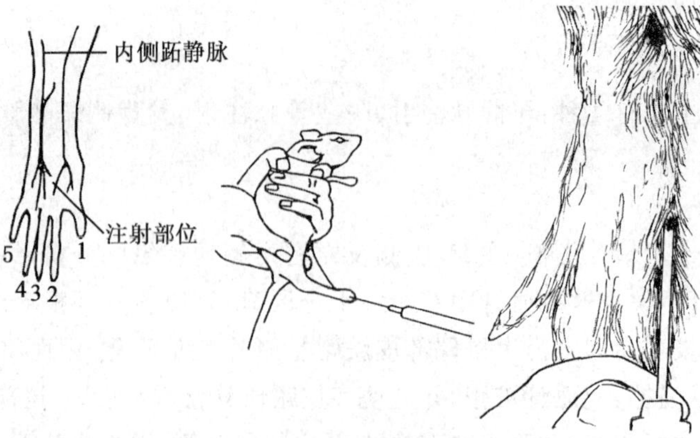

图 5-5 大鼠浅背侧跖静脉注射

脉，直接注入药液(图 5-6)。

此外，大鼠、豚鼠等小动物，以及兔、犬、猫等中型动物的静脉，快速受试物给予可用人工推注，而受试物缓慢给予或连续给予时，可用微量注射泵进行。

三、豚鼠的静脉注射方法

常用豚鼠静脉注射部位有耳缘静脉、外侧跖静脉。

1. 耳缘静脉注射法

用固定器将豚鼠固定好。然后由助手用拇指和食指夹住其耳翼并压住豚鼠的头部，右手按住豚鼠腰部。操作者拔去注射部位的毛，用酒精棉球涂擦耳部边缘静脉，并用手指轻弹或搓揉鼠耳，使静脉充血。然后用左手食指和中指夹住静脉近心端，拇指和小指夹住耳边缘部分，以左手无名指、小指放在耳下作垫，待静脉充分暴露后，右手持注射器(带有 6 号针头)尽量从静脉末端顺血管平行方向刺入 1 cm。刺入静脉后回抽注射器，见有血后，放松对耳根处血管的压迫，固定针头缓缓注入受试物。注射后用棉球压迫针眼数分钟，以防流血。每只一次注射量不超过 2 mL(图 5-7)。

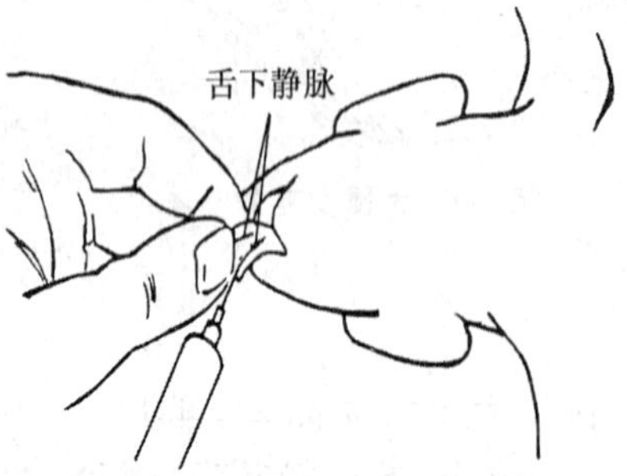

图 5-6 大鼠舌下静脉注射

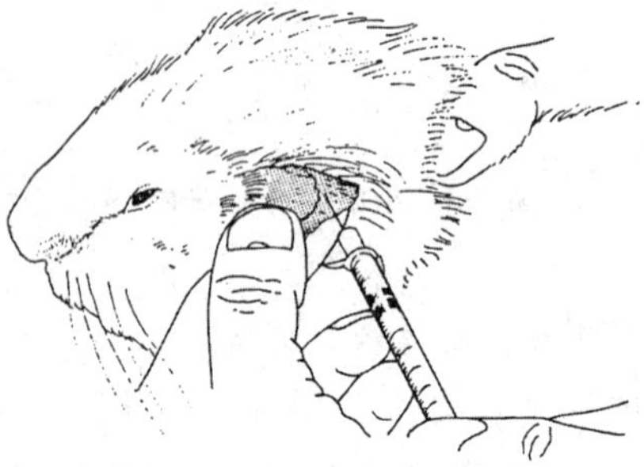

图 5-7 豚鼠耳缘静脉注射

2. 外侧跖静脉注射法

由助手将豚鼠固定好。操作者从后膝关节抓住动物肢体，压迫静脉管，使腿呈伸展状态。剪去注射部位的被毛，酒精棉球消毒后，可见粗大的外侧跖静脉，用 6 或 7 号针头沿向心方向刺入血管注射。

四、家兔的静脉注射方法

家兔一般采用耳缘静脉注射，因其浅表易固定。注射时，由助手固定好动物，操作者将注射部位的毛拔去并用酒精棉球涂擦，手指轻弹兔耳，使其静脉充盈。用左手食指和中指夹住静脉近心端，拇指绷紧静脉远端，无名指及小指垫在下面，再用右手指轻弹或轻揉兔耳，使静脉充分暴露。然后用右手持装置 6 号针头的注射器，从静脉远心端刺入血管内。如推注无阻力、无皮肤隆起发白，即可移动手指固定针头，缓慢注入受试物。拔出针头时要用棉球压迫针眼并持续数分钟，以防出血。

五、猫的静脉注射方法

常用的猫静脉注射部位有前肢内侧头静脉和后肢外侧小隐静脉。

1. 前肢内侧头静脉注射法

注射前，将动物侧卧固定、剪去注射部位的被毛，用胶皮带扎紧或用手抓紧静脉近心端，使血管扩张，从静脉远心端水平刺入注射受试物(图 5-8)。

2. 后肢外侧小隐静脉注射法

注射前准备同前肢内侧头静脉注射。注射姿势如图 5-9 所示。

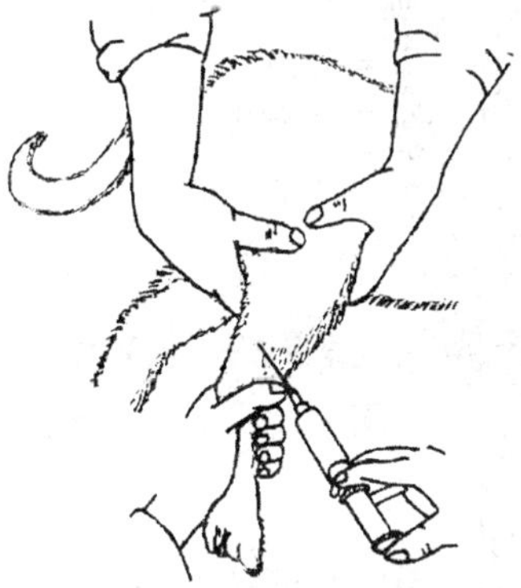

图 5-8　猫前肢内侧头静脉注射

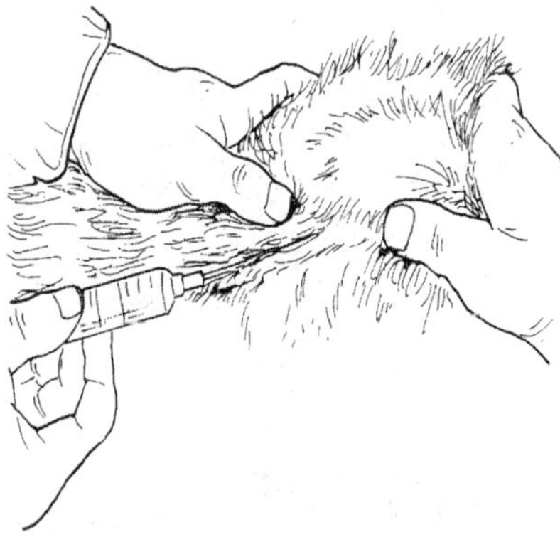

图 5-9　猫后肢外侧小隐静脉注射

六、犬的静脉注射方法

常用犬静脉注射部位有前肢内侧头静脉、后肢外侧小隐静脉、前肢内侧正中静脉、后肢内侧大隐静脉、舌下小静脉和颈外静脉。

1. 前肢内侧头静脉注射法

此静脉在前肢内侧面皮下，靠前肢内侧外缘行走，比后肢小隐静脉还粗一些，而且比较容易固定，因此一般作静脉注射或取血时常用此静脉。注射方法同前述的猫后肢小隐静脉注射方法(图 5-10)。

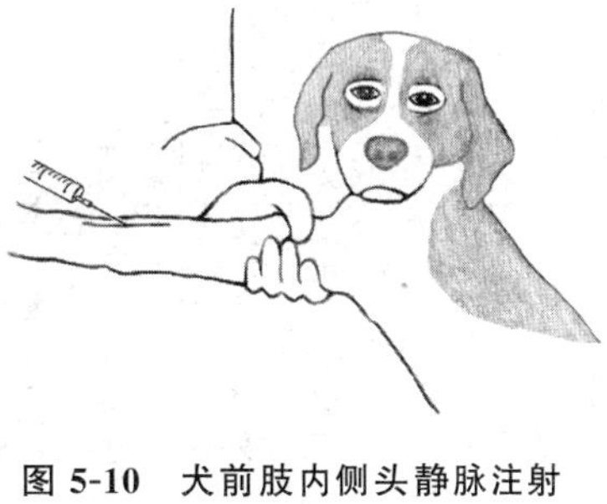

图 5-10　犬前肢内侧头静脉注射

2. 后肢外侧小隐静脉注射法

此静脉在后肢胫部下 1/3 的外侧浅表的皮下，由前侧方向后行走。注射前使犬侧卧，由助手将其固定好，将注射部位被毛剪去，用碘酊、酒精消毒皮肤。用胶皮带绑在犬股部，或由助手用手握紧股部，可明显见到此静脉。右手持连有 6 号针头的注射器，将针头向血管旁的皮下先刺入，尔后与血管平行刺入静脉，回抽针筒，如有回血，放松对静脉近心端的压迫，并将针尖顺血管再刺进少许，然后注射者一手固定针头，一手慢慢将受试物注入静脉（图 5-11）。此注射法关键是要很好地固定静脉，因为此静脉只隔一层皮肤，浅而易滑动，注射时针头刺入不可深，方向一定要与血管平行。

3. 前肢内侧正中静脉注射法

此静脉在前肢内侧面皮下，正中位置，向上延伸至肱静脉。此血管位置偏深，注射时有时需要切开皮肤。

4. 后肢内侧大隐静脉注射法

后肢内侧大隐静脉和小隐静脉一样，也属于浅层静脉。位于后肢内侧面皮下，正中位置，向上延伸至股部中段归于股静脉（图 5-12）。

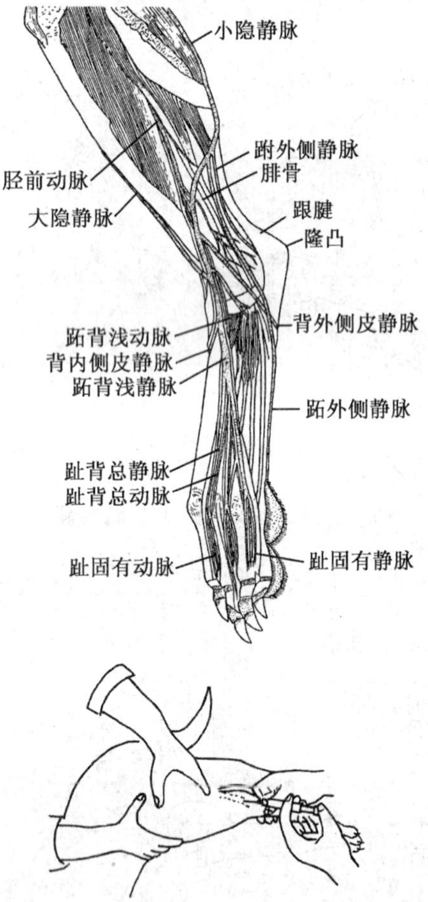

图 5-11　犬后肢外侧小隐静脉注射

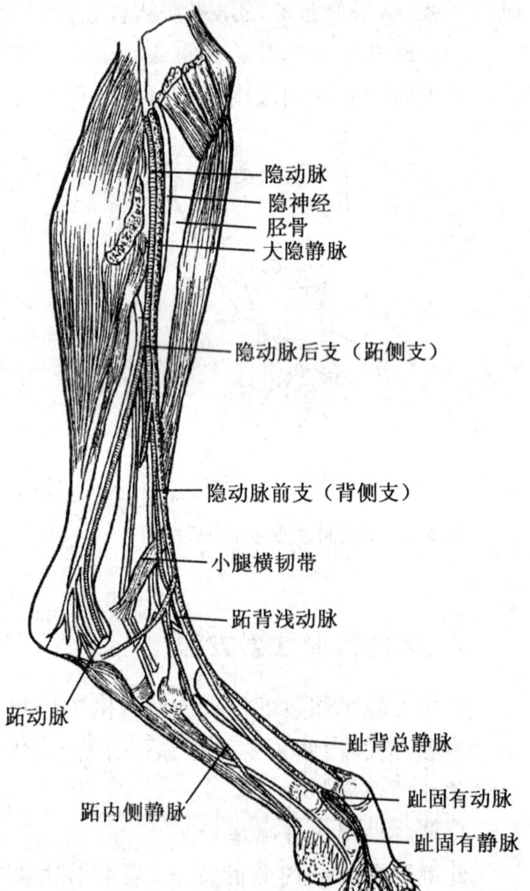

图 5-12　犬后肢内侧大隐静脉注射

5. 舌下小静脉注射法

将犬四肢固定于手术台上。注射前，将犬嘴打开，用包着纱布的舌钳把舌头拉出来并翻向背侧，即可清楚见到很多舌下小静脉，找一根较粗的作静脉注射。注射完将针头拔出时，应立即用棉球压迫止血，或用淀粉海绵等外用止血粉止血。因舌下小静脉周围都是软组织，且血管分布很丰富，如针孔太大则不易止血，因此尽量选用细针头。

6. 颈外静脉注射法

将犬固定好，用左手大拇指压迫颈外静脉入胸部位皮肤，使之怒张，然后将注射针头朝头的方向刺入。略回抽（或不回抽）筒塞，看有无血液回流，如有即说明已插入血管，如无则宜前后将针头抽动，这时仍无血，则应另选适当部位，检查针头是否堵塞后，再刺入。插入血管之后，松开左手拇指，徐徐将筒塞向前推进，将受试物注入血管。若需要连续注射，可装置血管置针。

七、猴的静脉注射方法

猴静脉注射常选用前肢桡静脉或后肢隐静脉。注射方法同犬。

八、猪的静脉注射方法

猪的静脉注射常选耳缘静脉进行，注射方法同家兔。猪耳缘静脉比家兔的更粗大，更易于注射。

第五节　腹腔注射法

在动物实验中，有些动物个体太小，不适合肌肉注射或静脉注射，或者这两种途径的注射剂量有限；有些危重病例发生了循环障碍，静脉注射十分困难，腹膜的吸收速度很快，且可以大剂量注射，在这些情况下，一般对动物采取腹腔注射的方法。

一、小鼠、大鼠的腹腔注射方法

大、小鼠的腹腔注射时，先固定好动物。固定小鼠时，用左手拇指和食指紧紧抓住颈背部两耳之间的松弛皮肤，手掌成杯状握鼠背，使得腹部皮肤伸展，同时用小指压住尾根。固定大鼠时，用左手的大拇指、食指和中指从大鼠的前肢和头部后面抓住大鼠，既要紧又要轻柔，同时用身体抵住大鼠的两后肢使之固定，使腹部向上并伸展。注射时，应使动物头部略低，腹部抬高（为避免刺破内脏，可将动物头部放低，尾部提高，使脏器移向横膈处），右手将注射器的针头（5 号）刺入皮肤。进针部位是距离下腹部腹中线稍向左或右 1 mm 的位置。针头先到达皮下，继续向前进针 3～5 mm，再以 45°角刺入腹肌，针尖通过腹肌后有突破感，抵抗力消失，回抽无血、无肠内容物。固定针尖，缓缓注入受试物（图 5-13）。每次给小鼠、大鼠注射量应为 0.1～0.2 mL/10 g 体重。

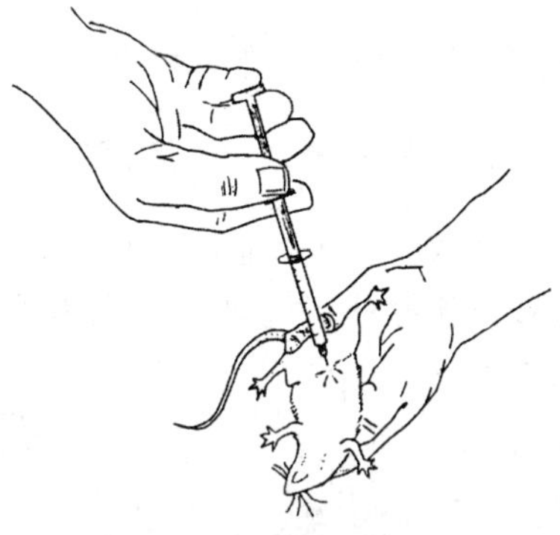

图 5-13　小鼠腹腔注射

二、豚鼠的腹腔注射方法

先固定好豚鼠使其仰卧固定并伸展，右手持注射器(带有 5 号针头)将针头刺入皮肤。其部位是从下腹部腹中线稍偏左或右处进针。针头到达皮下后，再向前进针 5～10 mm 后，以 45°角刺入腹腔，针尖通过腹肌后抵抗力消失。固定针尖不动，缓缓注入受试物。为避免刺破内脏，可将动物头部稍低，使脏器移向头部方向。豚鼠的一次注射量不超过 4 mL。

三、家兔的腹腔注射方法

家兔进行腹腔注射时，让助手固定好家兔，使其腹部朝上、头低腹高。操作者去毛并用酒精棉球消毒注射部位，右手将注射针(5 号)在距家兔后腹部的腹白线左侧或右侧离开 1 cm 处刺入皮下，然后再使针头向前推进 5～10 mm，以 45°角穿过腹肌，固定针头，缓缓注入受试物。

四、猫的腹腔注射方法

猫的腹腔注射部位同家兔。让助手抓住并固定动物，使其腹部向上、头向下，在后腹部约 1/3 处腹中线略靠外侧(避开肝和膀胱)将注射针头(5 号)刺入腹腔，然后将针筒回抽，观察是否插入脏器或血管，确定已插入腹腔后，固定针头，进行注射。

五、犬的腹腔注射方法

进行犬腹腔注射时，让助手抓住动物，使其前躯侧卧，后躯仰卧，将两前肢系在一起，两后肢分别向后外方转位，充分暴露注射部位，保定好头部。注射部位为脐和骨盆前缘连线的中间点，腹白线左侧或右侧边 1～2 cm 处。注射时，局部消毒，将注射针头(5 号)垂直刺入皮肤，依次穿透腹肌及腹膜，当针头刺破腹膜时，顿觉无阻力，有落空感。回抽针栓观察是否插入脏器或血管，针头内无气泡及血液流出，也无脏器内容物溢出，在准确判定已插入腹腔时，可固定针头，进行注射。腹腔注射时的受试物必须加温至 37～38℃，不然温度过低会刺激肠管，引起痉挛性腹痛。为利于吸收，注射的受试物一般选用等渗或低渗液。如发现膀胱内积尿时，应轻压腹部，促其排尿，待排空后再注射。犬一次可注入 200～1 500 mL。

六、猪的腹腔注射方法

猪的腹腔注射通常选取自脐至两腰角所划的三角区内，距腹白线左或右 4～5 cm 的部位进针。注射时，注意不要伤及内脏。

第六节　其他注射法

一、胸膜腔注射方法

常用于犬。犬保定成斜卧侧位，左患侧向上，将外上肢保定于头部上方。在第 2 根肋骨下 1/3 处前缘剪毛，用碘酊、酒精消毒，刺针前向一侧移动皮肤，捏住胶管，在后一肋骨的前缘垂直刺入(避开血管和神经)，当针锋抵抗感觉突然消失后表示针尖已进入胸膜腔，回血、注药，拔针消毒。要注意应移动皮肤，在肋骨前缘刺入，刺入前闭合胶管，无阻力不见回血方可注射，防止过深伤肺。

二、脑内注射方法

常用于小鼠。给小鼠脑内注射时，先将其额部消毒。操作者用左手拇指及食指抓住鼠两耳和头皮并固定好动物，右手用套有塑料管、针尖露出 2 mm 长的 5 号针头，直接由额部正中刺入脑内，注入受试物。

三、椎管内注射方法

常用于家兔。操作时将家兔麻醉后作自然俯卧式，尽量使其尾向腹侧屈曲。用剪毛剪剪去第 7 腰椎周围被毛并用 3%碘酊消毒，干后再用 75%酒精将碘酒擦去(操作者的手也应消毒)。当针头到达椎管内时(蛛网膜下腔)，可见到兔的后肢颤动，即证明穿刺针头已进入椎管。这时不要再向下刺，以免损伤脊髓。若没有刺中，不必拔出针头，以针尖不离脊柱中线为原则，将针头稍稍拔出一点，换个方向再刺，若已证实针头在椎管内，固定针头，将受试物注入。一般注射量为 0.5～1.0 mL/只。

四、关节腔内注射方法

也常针对家兔进行。操作时，将家兔麻醉后仰卧位固定于兔固定台上。剪去关节部位被毛，消毒后用左手从下方和两旁将关节固定，在髌韧带附着点外上方约 0.5 cm 处进针。针头从上前方向下后方倾斜刺，直至针头遇阻力变小为止，然后针头稍后退，以垂直方向推到关节腔中。针头进入关节腔时，通常有好像刺破薄膜的感觉，表示针头已进入关节腔内，即可注入受试物。

五、淋巴囊内注射方法

蛙类常采用此法，因其全身皮下分布有咽、胸、背、腹侧、腹、大腿和脚 7 个淋巴囊。注入受试物易被吸收。常选用腹部淋巴囊和头背淋巴囊注射。注射时，将针头从蛙大腿上端刺入，经大腿肌层入腹壁肌层，再进入腹壁皮下，即进入淋巴囊，然后注入受试物。有时也可采用胸淋巴囊注射。方法是将针头刺入口腔，使穿过下颌肌层入胸淋巴囊内注入受试物。一次最大注射量为 1 mL。

各种动物不同注射方法的一次最大注射剂量见表 5-1。

表 5-1　各种动物不同注射方法的一次最大注射剂量

注射方法	动物	一次最大注射剂量
皮内注射	小鼠	0.05 mL
	大鼠	0.1 mL
	豚鼠	0.1 mL
	家兔	0.1 mL

续表 5-1

注射方法	动物	一次最大注射剂量
皮下注射	小鼠	0.5～1.0 mL/只
	大鼠、豚鼠	1 mL/100 g 体重
	家兔、犬、猫、猴	1.0～3.0 mL/只
	禽类	0.3～0.5 mL/只
静脉注射	小鼠尾静脉注射	0.05～0.25 mL/10 g 体重
	大鼠尾静脉注射	0.5～1.0 mL/100 g 体重
	豚鼠耳缘静脉注射	2 mL
肌肉注射	小鼠	一次注射剂量不超过 0.1 mL
	大鼠、豚鼠	一次注射剂量不超过 0.5 mL
	家兔、猫、犬、猴	一次注射剂量不超过 2.0 mL
腹腔注射	小鼠	0.1～0.2 mL/10 g
	大鼠	0.1～0.2 mL/10 g
	豚鼠	4 mL
	犬	200～1 500 mL
淋巴囊内注射法	蛙类	1 mL
关节腔内注射法	家兔	0.5 mL
脑内注射	小型啮齿类动物、兔、犬	0.02～0.03 mL/只
椎管内注射法	家兔	0.5～1.0 mL/只

第六章　灌 胃 方 法

在动物实验中将受试物经口给予通常有口服与灌胃两种方法，适用于小鼠、大鼠、家兔及犬等动物。口服法可将受试物放入饲料或溶于饮水中，由动物直接摄取，此方法虽简单方便，但往往剂量不够准确。为保证受试物剂量的准确性，常用灌胃的方法，用灌胃器或灌胃管将受试物直接灌到动物胃内。

第一节　大、小鼠灌胃方法

大、小鼠的灌胃是药理学、免疫学、生理学等多种学科的动物实验研究中最常用的受试物给予方法。

一、小鼠灌胃法

左手固定小鼠，使之身体呈垂直或略向后仰，颈部拉直。右手持灌胃器，沿体壁用灌胃针测量口角至最后肋骨之间的长度，作为插入灌胃针的深度。然后经口角插入口腔，与食管成一直线，轻轻转动针头刺激鼠的吞咽，再将灌胃针沿上腭壁缓慢插入食管 2～3 cm，通过食管的膈肌部位时略有抵抗感。如动物正常呼吸且无异常挣扎行为，即可注入受试物(图 6-1)。如遇阻力应抽出灌胃针重新插入。一次灌注剂量为 0.1～0.3 mL/10 g 体重。操作宜轻柔，防止损伤食管，如受试物误入气管内，动物会立即死亡。小鼠灌胃的注意要点：①动物要固定好；②头部和颈部保持平展；③进针方向正确；④一定要沿着口角进针，再顺着食管方向插入胃内；⑤进针不顺时决不可强行插入。灌胃针可用 12 号注射针头自制(图 6-2)，磨钝针尖(有条件的话，在针尖周围点焊成圆突)，再稍弯曲，即成灌胃针，针长 5～7 cm，直径 0.9～1.5 mm。灌胃针连接于 1～2 mL 的注射器上即成灌胃器。

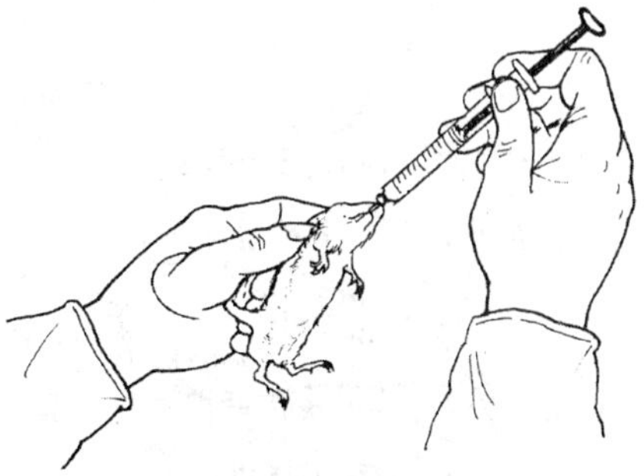

图 6-1　小鼠灌胃

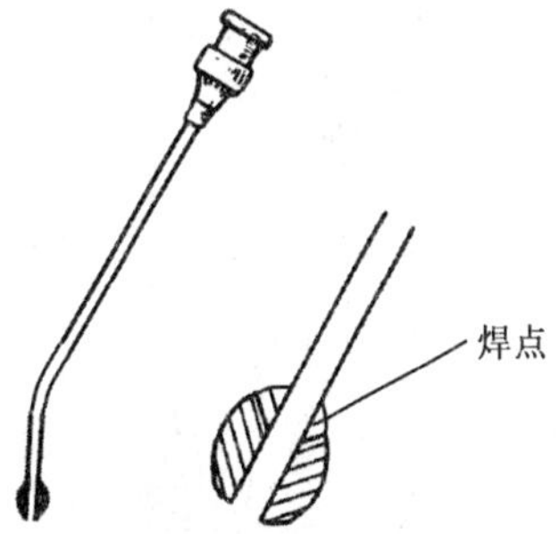

图 6-2　灌胃针

另外有一种改进的小鼠灌胃方法。首先进行灌胃管的制作：1～2 mL 注射器连接 7 号注射针头,针头的尖端连接上长 1.5～1.8 cm,直径约 1 mm 的硬塑料细管。硬塑料细管的前端再套上 4～5 cm 长的软胶皮细管,套进 3.5～4.5 cm 长,前端未套进的约 0.5 cm 长。用硬塑料细管的目的是防止针头刺入气管或损伤消化道。前端的软胶皮细管以适应口腔食道的生理弯曲度走向。

改进的小白鼠灌胃方法:以左手捉持小鼠,使腹部朝上,颈部拉直。右手持灌胃管。将前端的软胶皮细管先从小鼠的口角插入口腔内再从舌面紧沿上腭进入食道,使其前端到达膈肌水平。进入时,无阻力、有落空的感觉时,将受试物注入。若遇阻力,有可能插入气管,应立即退出灌胃管再试插之。一般灌胃管插入深度为 3～4 cm。

二、大鼠灌胃法

给大鼠灌胃时,左手按徒手固定方式固定大鼠,使大鼠伸开两前肢,手掌握住大鼠背。右手持灌胃器,沿体壁用灌胃针测量口角至最后肋骨之间长度,作为插入灌胃针的深度。操作时从大鼠口角插入口腔内,然后用灌胃针压其舌部,使口腔与食道成一直线,再将灌胃针沿上腭壁轻轻进入食道(图 6-3)。注入受试物前应先回抽注射器,证明未插入气管(无空气逆流)方可注入。一次灌胃量为 1～2 mL/100 g 体重。大鼠灌胃的注意要点:①抓牢动物后使其头部和颈部保持一条直线;②一定要沿着口角进针,再顺着食管方向插入胃内;③进针不顺时决不可强行插入,否则会造成动物死亡。大鼠灌胃器可用 5～10 mL 的注射器接长 6～8 cm,直径 1～2 mm 的灌胃针制成。液体受试物灌胃时,可用前端点焊成圆头的灌胃针。粉状受试物灌胃时,可用前端装有胶囊套管的灌胃针。灌胃前,先将粉状受试物装入胶囊,然后将装有受试物的胶囊塞入套管中灌胃。

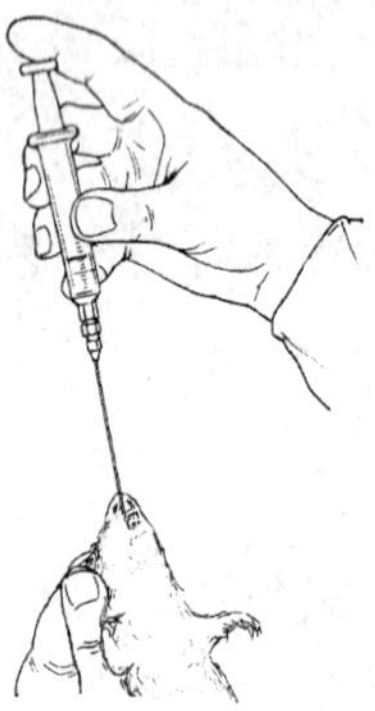

图 6-3 大鼠灌胃

有些情况下,也可用灌胃管(图 6-4)。慢性试验需长期给予受试物,或手术后不能主动进食的动物,可用手术装置胃管插管。即以一根约 1.27 cm 长的 4.5 号不锈钢针头,一端连接鼻饲管,经鼻孔插入胃中,一端以手术方法埋于鼻梁皮下,延伸至额部连接一橡胶管后由皮内穿出,供注入受试物或食物用(图 6-5)。该装置也可用于抽取胃液。

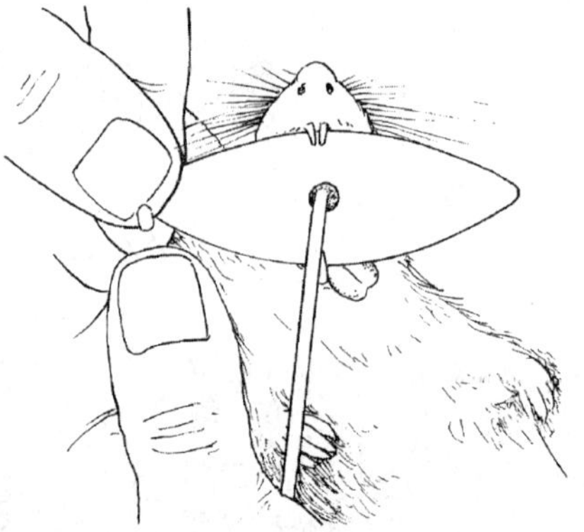

图 6-4 大鼠灌胃管

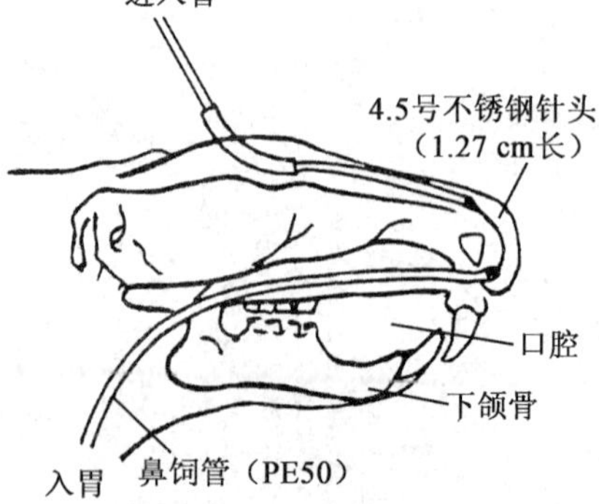

图 6-5 大鼠胃管插管装置

第二节　豚鼠经口给药方法

一、固体受试物的投入方法

给固体受试物时，把豚鼠放在实验台上，用左手从背部向头部握紧并固定动物，以拇指和食指压迫左右口角使其口张开。实验者把受试物放在豚鼠舌根处，使动物迅速闭口而自动咽下。

二、液体受试物的投入方法

由助手用左手将豚鼠腰部和后腿固定，用右手固定前腰。实验者将灌胃管沿豚鼠上腭壁插入食道。也可把导尿管经木制开口器中央孔插入胃内。这两种方法都要先回抽一下注射器，如注射器内有气泡说明灌胃管或导尿管插在气管内，必须拔出重插。证实回抽注射器无空气后，再慢慢注入受试物。最后注入生理盐水 2 mL，将管内残留的药液冲出，以保证投药量的准确。灌胃管或导尿管插入深度一般为 5 cm，一次灌胃剂量为 1.6～2.0 mL/100 g 体重。

第三节　家兔灌胃方法

给家兔灌胃需要两人合作。助手就座，将家兔的躯体夹于两腿之间，左手抓住双耳和颈部皮肤固定头部，右手抓住两前肢固定前躯。操作者将开口器横放在家兔上下颌之间，固定于舌之上，然后将 14 号导尿管经开口器中央孔，沿上腭壁慢慢插入食管 15～18 cm。在给受试物前先检验导尿管是否正确插入胃中，可将导尿管外口端放入清水杯中，有气泡逸出，应抽出重插；如无气泡逸出，证明已完全插入胃中，可注入受试物(图 6-6)。为保证管内受试物全部进入胃内，受试物推完后再注入清水 10 mL，随后捏闭导尿管外口，抽出导尿管，取出开口器。成年家兔一次的最大灌胃剂量为 80～150 mL/只。

另一种灌胃方法是将家兔固定在木制的固定盒内，左手虎口卡住并固定好兔嘴，右手取 14 号细导尿管，由右侧唇裂(避开门齿)将导尿管慢慢插入。如插管顺利，动物不挣扎。插入约 15 cm 时，已进入胃内，将受试物注入。

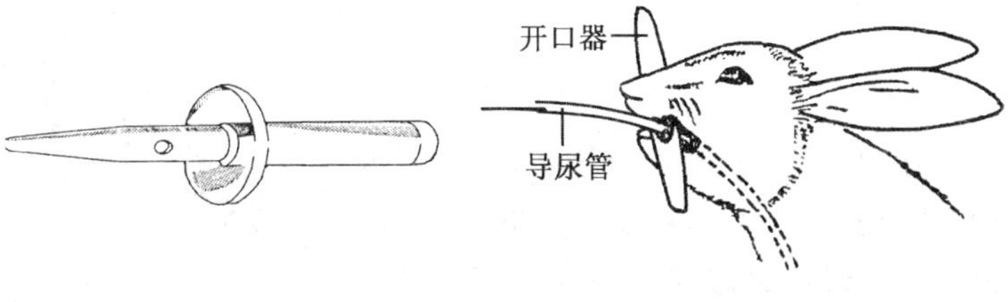

图 6-6　家兔开口器(左)和家兔开口器灌胃(右)

第四节 犬灌胃方法

给犬灌胃时，可用开口器经口灌胃。犬的开口器可用木料制成长方形，长 10～15 cm，粗细 2～3 cm，应适合犬嘴，中间钻一小孔，孔的直径为 0.5～1.0 cm。灌胃时将开口器放于动物上下门牙之间，用绳将其固定于犬嘴。将带有弹性的橡皮导管（如导尿管）经开口器上的小圆孔插入，沿咽后壁插入食道，注受试物前应检查导尿管是否正确插入食道。可将导管外口置于一盛水的烧杯中，如没有气泡，则导尿管已插入胃内，即可将受试物经导管注入。

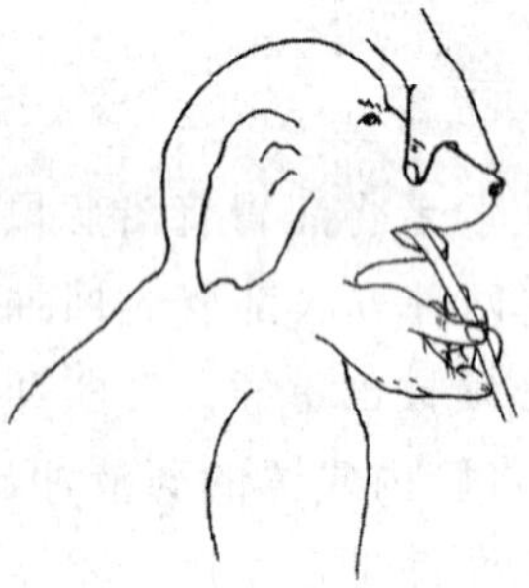

图 6-7 犬灌胃

另一种方法是，将犬拉上固定台，固定好头部，嘴用纱布带绑好（如驯服较好的犬可不用绑嘴）。实验者用左手抓住犬嘴，右手取灌胃管（一般用 12 号十二指肠管或导尿管代替。也可用内径 0.3 cm、长约 30 cm 的软胶皮管，此种管比导尿管要好，灌胃时对咽喉壁的刺激较小）。用温水湿润灌胃管后，右手中指将犬右侧嘴角轻轻翻开，摸到最后一对大臼齿，齿后有一空隙，中指固定在这空隙下，不要移动，然后用右手拇指和食指将灌胃管插入此空隙，并顺食管方向不断送入（图 6-7）。如遇胃管送入不顺或犬剧烈挣扎时，不要再向里插，可拉出再插，如送入很顺利，则当灌胃管插入约有 20 cm 时，即不要再插，因已进入食管下段胃内。先用装有温水的注射器由灌胃管口试注一下，若水不从犬嘴流出，注射又很通畅，即可将受试物经灌胃管慢慢灌入。若插管插入较短，在食道上端时，灌注受试物可见到犬有吞咽动作。一次灌胃剂量不能超过 200 mL，否则会引起犬恶心、呕吐。

第五节 小型猪、猴的灌胃方法

一、小型猪灌胃方法

小型猪的灌胃方法与犬相似，在灌胃时，可预先作好中间有一洞的矩形小木块作为开口器，让猪咬住后，将其固定，然后再由此洞插入胃管（图 6-8）。

二、猴灌胃方法

图 6-8 小型猪灌胃

猴的受试物经口给予分两种：

1. 液体受试物的投入

液体受试物在麻醉或非麻醉状态下均可进行。方法类似于犬、猫，一般经鼻和口腔插入胃管灌胃，但猴凶猛、力大，需要特别注意安全。经口给予受试物时，先将猴嘴掰开，把外径 5～7 mm 的橡皮管插入食道。经鼻给予时，托起猴子下颌使其嘴紧闭，从鼻孔将外径 1.5 mm 的塑料管（涂上石蜡油）慢慢插入食道内，特别注意不要插入气管。

2. 固体受试物的投入

一般在非麻醉情况下投予片剂或胶囊。给予方法类似于犬、猫，但非麻醉情况下，需要特别注意猴咬人。操作时，事先由助手固定好猴，实验者把左掌贴在猴的从头顶部到脑后部的部位。用拇指及食指压迫猴的左右面颊，使其上下腭的咬合处松开，然后用右手持长镊把固体受试物送入猴的舌根部。迅速抽出镊子，把猴子下腭向上一推，使其闭上嘴，让猴自己咽下。

第六节　禽类灌胃方法

禽类包括鸽、鸡等，经口灌胃，可由助手将其身体用毛巾裹住固定好。实验者用左手将动物头向后拉，使其颈部倾斜，用左手拇指和食指将动物嘴撬开，其他 3 个手指固定动物头部，右手取带有灌胃针头的注射器，将灌胃针头由动物舌后插入食管（图 6-9）。不要像其他动物灌胃时插得过深，如动物不挣扎，插针头又很顺利，即可将受试物经口或食管上端灌入胃内，灌入速度要慢。

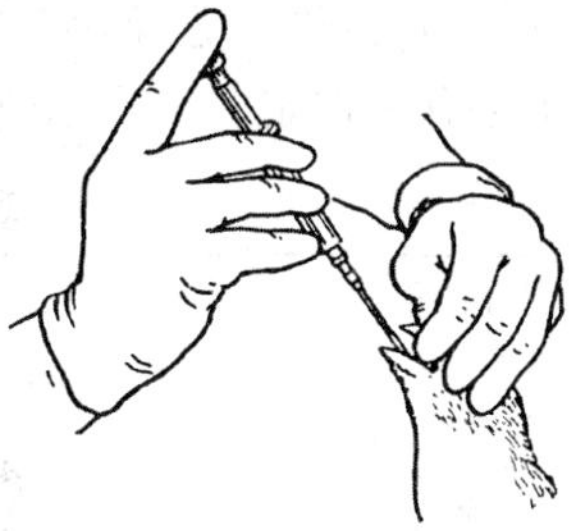

图 6-9　禽类灌胃

第七章　采血方法

实验动物的采血方法很多，按采血部位的不同可分为尾部采血、耳部采血、眼部采血、心脏采血、大血管采血等。选择什么部位采血与使用何种采血方法，需视动物种类、检测目的、试验方法及所需血量而定。不同动物采血部位与采血量见表7-1。

表7-1　不同动物采血部位与采血量

采血量	采血部位	动物种类
少量	尾静脉	大鼠、小鼠
	阴茎静脉	大鼠
	耳缘静脉	兔、犬、猫、猪、羊
	眼底静脉丛	兔、大鼠、小鼠
	舌下静脉	犬
	腹壁静脉	青蛙、蟾蜍
	冠、脚蹼皮下静脉	鸡、鸭、鹅
中量	后肢外侧皮下小隐静脉	犬、猴、猫
	前肢内侧皮下头静脉	犬、猴、猫
	耳中央动脉	兔
	颈静脉	犬、猫、兔
	心脏	豚鼠、大鼠、小鼠
	断头	大鼠、小鼠
	翼下静脉	鸡、鸭、鸽、鹅
	颈动脉	鸡、鸭、鸽、鹅
大量	股动脉、颈动脉	犬、猴、猫、兔
	心脏	犬、猴、猫、兔
	颈动脉、颈静脉	羊

采血时，要注意以下几点：①采血场所光线充足；②环境温度适宜(20～28℃)；③采血用具和采血部位一般应进行消毒；④若需抗凝血，应在注射器或试管内预先加入抗凝剂；⑤所需采血量应控制在动物的最大安全采血量范围内。一次采血过多或连续多次采血都可能影响动物健康，甚至导致贫血或死亡。

第一节　尾尖采血方法

自尾尖采血的方法主要用于大、小鼠。此方法可用于反复多次采血的动物，但每次采血量不大。

一、剪尾法

剪尾时首先把动物固定或麻醉后，将尾巴置于 45～50℃热水中浸泡数分钟，也可用酒精或棉球反复擦拭，使尾部血管扩张，擦干，剪去尾尖（小鼠 1～2 mm，大鼠 5～10 mm），血自尾尖流出，让血液滴入盛器或直接用吸管吸取。也可用试管等接住，自尾根部向尾尖按摩，血液会自尾尖流入试管。如需多次采血，每次采血时，可将鼠尾剪去很小一段，取血后，先用棉球压迫止血并立即用 6%液体火棉胶涂于尾巴伤口上，使伤口形成火棉胶薄膜，保护伤口。

二、切开尾静脉法

采用此法时，可用锐利刀片切开尾静脉，用试管等接住血液。如需多次采血，可交替切割两根尾静脉，切割点应自尾尖向尾根方向逐渐推进，切不可逆向推进。切割后用棉球止血。

三、针刺尾静脉法

固定动物，消毒后在尾尖部向上数厘米处用拇指和食指抓住，对准尾静脉用注射针刺入后立即拔出，采集流出血液。采血后用局部压迫、烧烙等方法进行止血。

第二节　眶静脉（眼底静脉）丛采血方法

将动物浅麻醉，采用侧眼向上固定体位，然后左手拇、食两指从背部较紧地握住小鼠或大鼠的颈部（应防止动物窒息）。取血时，左手拇指及食指轻轻压迫动物的颈部两侧，使头部静脉血液回流困难，眼球充分外突，眶静脉丛充血。右手持带 7 号针头的 1 mL 注射器或长颈（3～4 cm）硬质毛细玻璃管（内径 0.5～1.0 mm，内涂抗凝剂），将采血管与面部成 45°的夹角，在泪腺区域内，用采血管由眼内角在眼睑和眼球之间向喉头方向刺入。若为针头，其斜面先向眼球，刺入后再转 180°使斜面对着眼眶后界（图 7-1）。刺入深度：小鼠 2～3 mm，大鼠 4～5 mm。当达到蝶骨感到有阻力时，再稍后退 0.1～0.5 mm，边退边抽。然后将采血管保持水平位，稍加旋转并后退吸引。血液自动流入取血管。当得到所需要的血量后，将穿刺器械取出，同时松开左手。为防止术后穿刺孔出血，用消毒纱布压迫眼球 30 s。若手法得当，体重 20～30 g 小鼠每次可采血 0.2～0.3 mL，体重 200～300 g 大鼠每次可采血 0.4～0.6 mL。左、右眼交替使用，反复采血。采血部位经 3～7 d 即可恢复。多次重复采血常用本法。

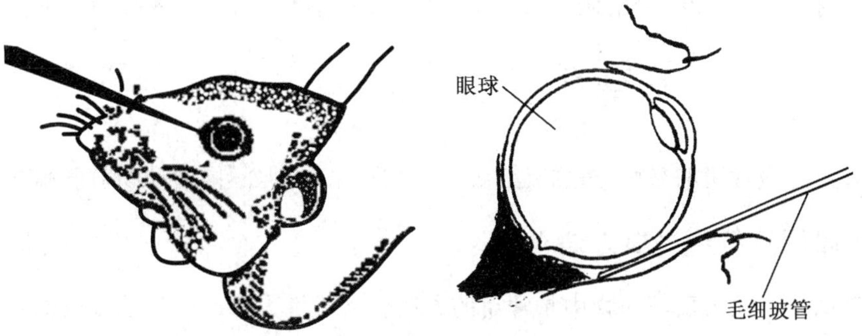

图 7-1　鼠眶静脉丛采血

第三节　心脏采血方法

大、小鼠因心脏搏动快，心腔小，位置较难确定，故较少采用心脏采血。操作时，将动物仰卧固定在鼠板上，剪去胸前区部位的被毛，用碘酒酒精消毒皮肤。在左侧第 3～4 肋间用左手食指摸到心搏处，右手持带有 4～5 号针头的注射器，选择心搏最强处穿刺(图 7-2)。当针穿刺入心脏时，血液由于心脏搏动的力量自动进入注射器。

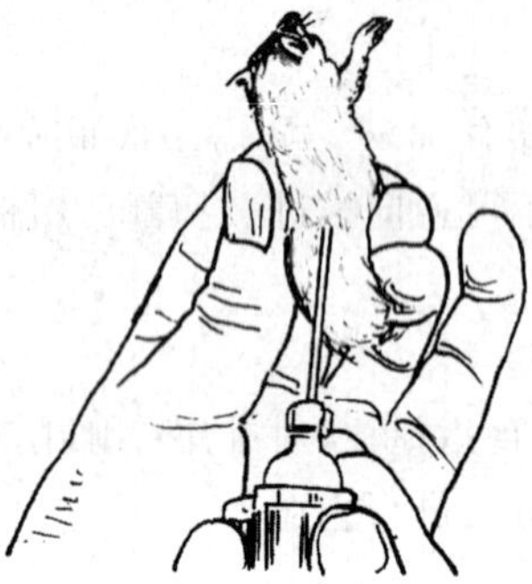
初生大鼠

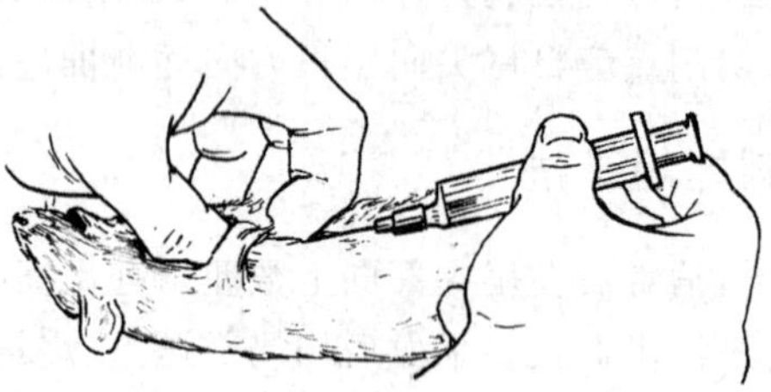
成年大鼠

图 7-2　大鼠心脏采血

兔、豚鼠、犬、猫的心脏采血较为常用。基本方法同大、小鼠的心脏采血，但操作更容易。将动物仰卧固定，在左侧胸部心脏部位除毛、消毒。用左手触摸左侧第 3～4 肋间，选择心跳最明显处穿刺。一般由胸骨左缘外 3 mm 处将注射针头插入第 3～4 肋间隙。当针头正确刺入心脏时，血液自然进入注射器。采血中回血不好或动物躁动时应拔出注射器，重新确认后再次穿刺采血。经 6～7 d 后，可以重复进行心脏采血。

心脏采血注意要点：①要迅速而直接插入心脏，否则心脏将从针尖移开；②如第一次没刺准，将针头抽出重刺，而不要在心脏周围乱探，以免损伤心肺，造成内出血；③要缓慢而稳定地抽吸，否则太大的负压可使心脏塌陷。

如不需保留动物存活时，也可麻醉后切开动物胸部，将注射器直接刺入心脏抽吸血液。操作时，先将动物深麻醉后将其固定在鼠板上，剖开胸腔，然后将注射器针头刺入右心室后立即抽血。开胸时，要尽可能减少出血。而兔、豚鼠、犬、猫等体型较大动物一般不需开胸。

第四节　静脉采血方法

静脉采血是最常用的采血方法，且各种动物均可采用，但不同种动物对静脉的选择各异。

一、大鼠阴茎静脉采血方法

阴茎静脉采血在大鼠等动物中是常用的方法。将雄性大鼠麻醉后仰卧或侧卧，翻开包皮，拉出阴茎，背侧阴茎静脉非常粗大、明显，沿皮下直接刺入采集血液。

二、兔静脉采血方法

兔的静脉血多从耳缘静脉处采集。耳缘静脉可采集中等血量，且可反复采取。操作时，将兔固定于兔盒内或由助手固定，选静脉较粗、清晰的耳朵，拔去采血部位的被毛、消毒。为使血管扩张，可用手指轻弹或用酒精涂擦血管局部，也可用电灯照射加热。用 6 号针头沿耳缘静脉远心端刺入血管。也可以用刀片在血管上切一小口，让血液自然流出即可(图 7-3)。取血后，用棉球压迫止血。此法可采血 5～10 mL。

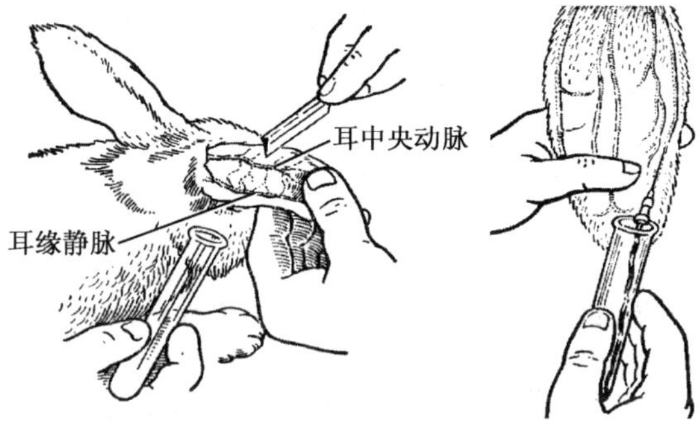

图 7-3 兔耳静脉采血

三、犬静脉采血方法

犬的静脉采血既可从颈静脉采集，也可从隐静脉采集。

当从颈静脉采血时，不需麻醉。将犬固定，取侧卧位，剪去颈部被毛约 3 cm×10 cm 范围并消毒。然后将犬颈部拉直，头尽量后仰。用左手拇指压住颈静脉入胸部位的皮肤，使颈静脉充盈，右手取连有 7 号针头的注射器，针头平行血管向头部刺入血管。由于此静脉在皮下易于滑动，针刺时除用左手固定好血管外，刺入要准确。取血后要注意压迫止血。本法一次可采集较多血量。

隐静脉在后肢胫部下 1/3 的外侧浅表皮下，由前侧方向后行走。采血前使犬侧卧，由助手将其固定好，将采血部位被毛剪去，用碘酒、酒精消毒皮肤。用胶皮带绑在犬股部，或由助手用手紧握股部，可明显见到此静脉。右手持连有 6 号针头的注射器，将针头向血管旁的皮下先刺入，而后与血管平行向心刺入静脉，即可抽取所需血量。隐静脉采血的关键是要很好地固定静脉，因为此静脉就在一层皮肤之下，浅而易滑动，抽血时针头刺入不可深，方向一定要与血管平行。

四、猴静脉采血方法

猴的体表面积较大，静脉分布广泛且表浅，易于穿刺，可从耳缘静脉、颈静脉、前肢头静脉、后肢皮下静脉等多处静脉采血。这里仅介绍后肢皮下静脉采血法。先将猴的两前臂向背部方向拉，并用绷带将其两腕部绑紧。由一人用左手抓住其两臂，右手抓住动物头和后颈部；另一人左手抓住一侧后肢跗关节部位，右手抓住采血同侧后肢的股部，使后肢皮下静脉怒张。取血者用左手抓住后肢跗关节处将后肢固定好，剪去取血部位被毛，消毒。右手持连有 7 号针头的注射器，针头沿与静脉平行方向向心刺入血管，即可进行采血。采血完毕后压迫止血。

五、小型猪静脉采血方法

猪的静脉采血多从耳缘静脉处进行，本方法可采集中量或少量血液。将猪固定，用力擦拭猪耳，可清晰见到耳缘静脉，在欲取血处用碘酒、酒精消毒。用连有 6 号针头的注射器直接抽取，取血手法同兔耳缘静脉采血(图 7-4)。注意抽吸速度不要太快。另外，因猪耳皮肤较厚，应选择锐利的针头。也可用刀片切开静脉，用吸管等物吸取。采血完毕，注意压迫止血。

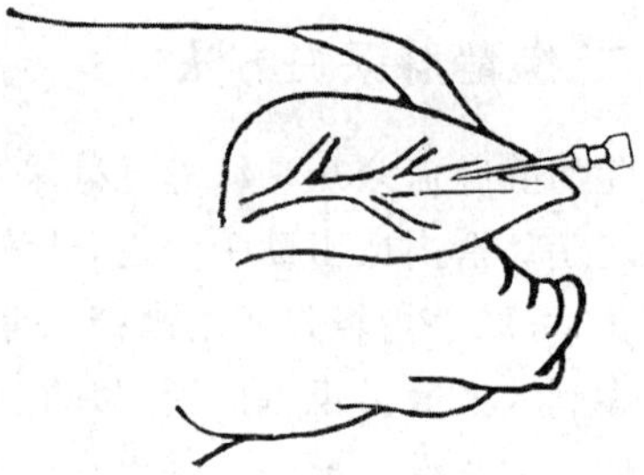

图 7-4　猪的耳大静脉采血

第五节　动脉采血方法

动脉采血法适用于多种实验动物，但采血部位因动物种类不同而有所差异。下面介绍两种较常用的动脉采血法。

一、颈动脉采血方法

颈动脉采血适用于小鼠、大鼠、豚鼠、兔等动物，此采血法可采集大量血液。操作时，将动物麻醉，仰卧位固定。以颈正中线为中心进行消毒(兔在消毒前须剃毛)。剪开颈部皮肤，将颈部肌肉用无钩镊子推向两侧，暴露气管，即可看到平行于气管的桃红色颈动脉。分离出一段颈动脉，结扎远心端，并在近心端放一缝线，在缝线处用动脉阻断钳夹紧动脉，然后在结扎线和近心端缝线之间用眼科剪刀作“T”或“V”形剪口，并将一端剪成斜面的塑料导管经切口处向心脏方向插入少许长度。结扎近心端缝线，将血管与塑料管固定好，将塑料管的另一端放入采血的容器中。缓慢松开动脉夹，血液便会流出。

二、腹主动脉采血方法

此法适用于小鼠、大鼠、沙鼠等实验动物。操作时，先用麻醉剂对动物进行深麻醉，然后将动物仰卧位固定在橡胶板上，打开腹腔。开腹时，要尽可能减少出血。打开腹腔后，将肠管推向一侧，用手指轻轻分开脊柱前的脂肪，暴露出腹主动脉。在腹主动脉远心端打一结，再用血管夹阻断腹主动脉近心端，然后在两阻断点之间向远心端方向平行刺入，松开近心端的阻断，立即采血。由于动脉压力较大，不用力或稍用力抽取注射器活塞即可，切莫用力快速抽取，防止抽血过快引起溶血。采血时，要注意保持动物安静。若动物躁动，要停止采血，追加麻醉。

第八章　检测样品的采集方法

动物实验过程中，常需采集各种体液及其他检测样品进行生理指标的测定。本章将对各种检测样品的采集方法予以介绍。

第一节　胸、腹水的采集

一、胸水采集

动物取立位或半卧位固定，局部皮肤去毛、消毒、麻醉，穿刺针头与注射器之间接三通连接装置，实验人员以左手拇指、食指绷紧局部皮肤，右手握穿刺针，于动物腋后线第 11～12 肋间隙穿刺，穿刺针紧贴肋骨前缘，否则容易损伤肋间神经。也可在胸壁近胸骨左侧缘第 4～5 肋间隙穿刺。垂直进针，穿刺肋间肌时产生一定阻力，当阻力消失有落空感时，说明已刺入胸膜腔，用左手固定穿刺针，打开三通连接装置，缓慢抽取胸水。

二、腹水采集

固定动物，局部皮肤去毛、消毒、麻醉。用无菌止血钳小心提起皮肤，右手持小针头或穿刺套管针沿下腹部靠腹壁正中线处轻轻垂直刺入，注意不可刺入太深，以免损伤内脏，针头有落空感后，说明穿刺针已刺入腹膜腔，用左手固定穿刺针，缓慢抽取腹水。

第二节　消化液的采集

一、唾液的采集

一般采用刺激法，通过食物的颜色、气味等刺激动物的视觉、嗅觉而致动物消化液分泌增加。大动物唾液采集时，可通过手术放置聚乙烯管于舌下唾液腺开口处。唾液腺有 3 对，包括腮腺、颌下腺和舌下腺，各腺开口位置各不相同，见图 8-1。以犬为例，由犬后肢的静脉注入硫喷妥钠(30～40 mg/kg)进行麻醉。将犬仰卧位(背位)固定于手术台上，由下颌部开始进行颈部剃毛。切开皮肤，剥离颌舌骨肌，用牵开器在颌骨与颌舌骨肌之间打开，即可看到腮腺管、颌下腺管、舌下腺管及舌神经等。采集来自不同唾液腺的唾液，可采用不同的手术插管。如采集来自腮腺的唾液，可在腮腺排泄管管壁上作一小切口，然后插入聚乙烯管。当插管插至腺体内部附近时进行结扎。在舌神经的头端结扎、切断，当刺激舌神经外周末端时，腺体受到刺激即分泌唾液，可随之收集。

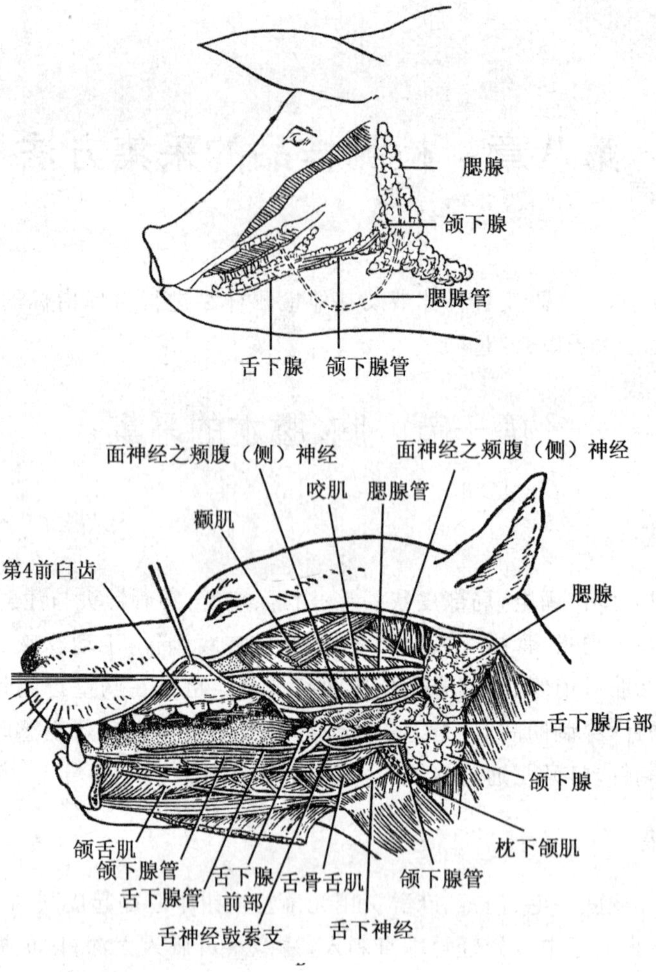

图 8-1　唾液腺管的位置(上猪、下犬)

二、胃液的采集

如仅需采集少量胃液时,可用灌胃针插入胃内抽取。这里以小鼠为例。操作方法:左手固定小鼠,腹部向上。右手持灌胃器,沿体壁用灌胃针测量口角至最后肋骨之间的长度,作为插入灌胃针的深度。经口角将灌胃针插入口腔,与食管成一直线,再将灌胃针沿上颚壁缓慢插入食管 2～3 cm,通过食管的膈肌部位时略有抵抗感。如动物安静呼吸无异常,即可抽取胃液(图 8-2)。如抽取感觉阻力很大时,应抽出灌胃针重新插入。用灌胃针抽取胃液应注意下列几点:①动物要固定好;②头部和颈部保持平展;③进针方向正确,一定要沿着口角进针,再顺着食管方向插入胃内;④绝不可进针不顺畅强行插入。

慢性试验需大量连续采集胃液时,可先手术装置瘘管,然后通过刺激方法采集。造胃瘘的方法有多种,在此介绍犬的全胃瘘收集胃液法。犬禁食 12 h 后,用 3%戊巴比妥钠(30 mg/kg)静脉注射麻醉后,背位固定于保温的固定台上。在腹部、髋关节等处剪毛。先作血管插管,切开髋关节内侧皮肤,露出股静脉,结扎其外周端以后,将静脉管插入近心端并固定。插管的另一

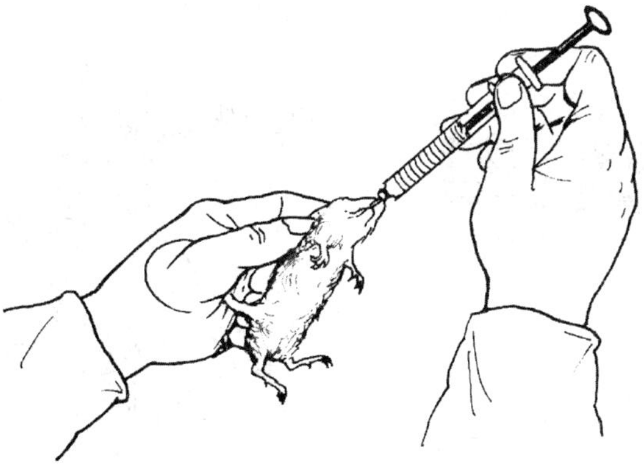

图 8-2　小鼠采集胃液方法

端与装有戊巴比妥钠的注射器相连接，当麻醉变浅时，可随时追加注入少量麻醉药(以前次麻醉药量的 1/3 为宜)，以维持适当的麻醉深度。开腹，由剑突下开始沿腹白线向下做正中切开。分离走行于胃贲门部外表面的迷走神经，使其与贲门部分开。在食道下端的无血管及神经区，用两把肠钳并排钳夹，相距 1 cm，沿此用刀将胃与食道切断分开。幽门部同样操作，将胃与十二指肠切断分开。然后将十二指肠断端与食道下端作端端吻合。如果十二指肠口比食道小，则作端侧吻合。而后将胃的贲门与幽门断端分别作双层缝合。在胃前壁近大弯作切口，埋入胃瘘管，缝合，局部用大网膜覆盖以防渗漏。在原腹部切口的左侧另开一小口，将瘘管经此引出，缝合于皮肤表面。经静脉插管将乙酰胆碱溶液(5×10^{-5} g/mL)或四肽胃泌素溶液(1×10^{-5} g/mL)1 mL 注入静脉。注射后需再注射少量生理盐水，以使静脉插管内的药液能全部进入血液内。

三、胆汁的采集

一般采取手术采集。以大鼠为例，手术前禁食 16～18 h，饮 2.5%葡萄糖盐水。将动物行腹腔麻醉后，仰卧于实验台上，从背至腹中线去毛、消毒。自剑突下沿腹中线做 3～5 cm 的切口，或自背沿末肋切 4～6 cm 长的切口，钝性分离肌肉。切开腹膜，暴露腹腔，将肝脏向上翻起。在门静脉一侧，找出肝、胆总管。大鼠没有胆囊，几只肝管汇集成肝总管，肝总管和胰管一起汇成胆总管，开口于十二指肠。分离出胆总管，在胆总管靠近十二指肠的膨大后端剪开小切口，用剪成斜面的聚乙烯管尖端由此插入，一直向上插入至肝总管后，结扎固定，即可收集胆汁(图 8-3)。初次操作者需注意，若插管前端插在胆总管处，收集到的将是胆汁和胰液的混合液。为准确起见，可在肝总管处剪切口插入。

若需作引流，可在打开腹腔后，从背部皮肤和肌肉层插入一根长 125 mm、直径 7 mm 的不锈钢管，在接近肝脏处穿过脊背。当分离出胆总管后，在相距约 10 mm 处各用丝线松扎两处。在相距结扎处 3 mm 位置做第一切口，将胆汁回流到肠道的聚乙烯管插入胆管，结扎。在胆总管近端线下 3 mm 处作第二切口，由此将采集胆汁的聚乙烯管向肝脏方向插入至肝总管并结扎。抽出不锈钢套管将采集胆汁导管固定在背侧开口，随后将采集胆汁导管的吸管放进胆汁容器内。肝肠复位，腹腔注入温生理盐水 1 mL，用 3 号线连续缝合腹膜和肌层，皮肤用

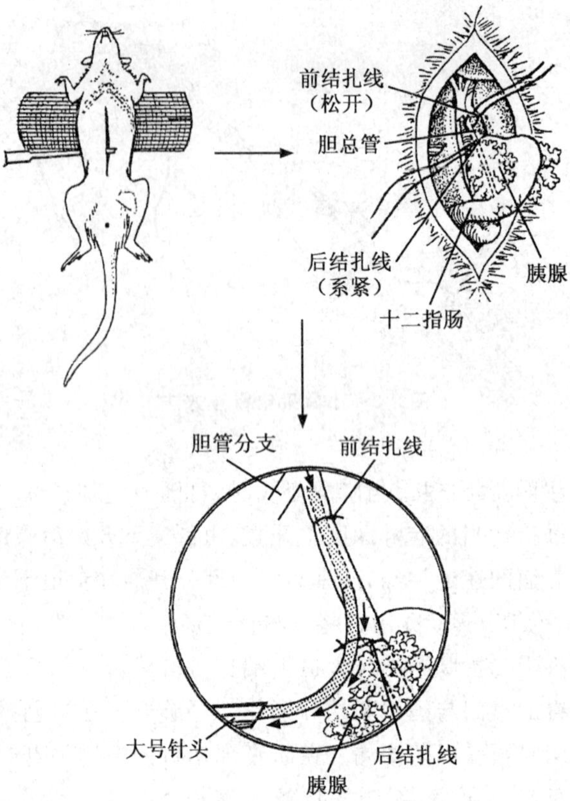

图 8-3 胆汁采集

4 号线缝合。引流入胆汁容器的胆汁,通过回流导管在回流到肠道。动物放进保温箱内,保持体温,待动物清醒后放回笼内,供给葡萄糖盐水(图 8-4)。

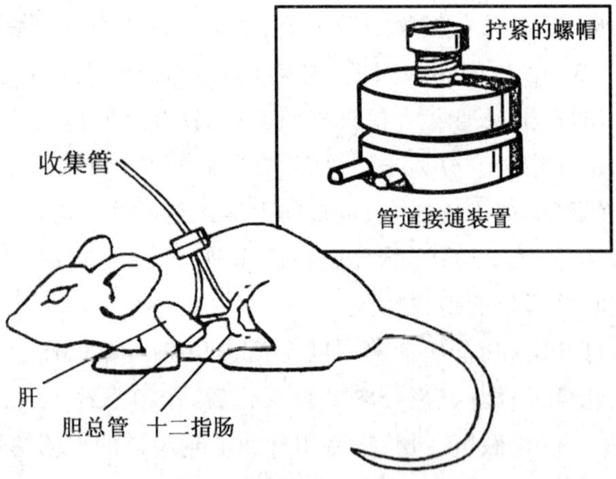

图 8-4 胆汁引流

四、胰液的采集

因胰液的基础分泌量有或无，故一般采取手术插管后再注入 0.5%盐酸溶液或粗制促胰液素以促进胰液的分泌。促胰液素的粗制方法：在刚死亡的动物身上，从十二指肠首端开始向下取约 7 cm 小肠，将小肠冲洗干净，纵向剪开，用刀柄刮取全部黏膜放入研钵，加入 10～15 mL 0.5%盐酸研磨后，将得到的稀浆倒入烧杯中，再加入 0.5%盐酸 100～150 mL，煮沸 10～15 min，然后用 10%～20%NaOH 趁热中和(用石蕊试纸检查)至中性，用滤纸趁热过滤，即可得到粗制促胰液素。将其置低温保存。

1. 犬胰液的收集

按 30 mg/kg 静脉注射 3%戊巴比妥钠麻醉动物，仰卧位固定于手术台上。切开颈部并进行气管插管，于剑突下沿正中线切开腹壁 10 cm。暴露腹腔，从十二指肠末端找到胰尾，沿胰尾向上将附着于十二指肠的胰腺组织用盐水纱布轻轻剥离，在尾部向上 2～3 cm 处可找到一白色小管从胰腺穿入十二指肠，此为胰主导管。待认定胰主导管后，分离胰主导管并在下方穿线，在尽量靠近十二指肠处切开，插入胰管插管并结扎固定。最后作股静脉插管，以便输液与静脉给药用，同时分别在十二指肠上端与空肠上端各穿一粗棉线并扎紧，而后向十二指肠腔内注入 37℃的 0.5%盐酸 25～40 mL，或股静脉注射粗制促胰液素 5～10 mL。然后收集胰液。

2. 大鼠胰液的收集

麻醉大鼠，在固定板上仰卧固定。自剑状突向下沿腹正中线作 3 cm 左右切口，用眼科镊柄将肝脏向上翻起，找出十二指肠和胃的交界处，用 1/0 号线在交界处穿线备用。然后在十二指肠上离幽门 2 cm 左右处，可找到一根和十二指肠垂直、稍带黄色透明的细管，此即胆总管。大鼠胰管很多，包括前大胰腺管、后大胰腺管以及许多小胰腺管。大鼠的所有胰腺管均不直接开口于十二指肠而都开口于胆总管，故胆总管是由肝总管和许多胰管一起汇合而成，并开口于十二指肠。肝总管由来自各肝叶的肝管汇集而成。在胆总管和十二指肠交界处，用眼科弯镊分离出胆总管，注意不要弄破周围的小血管，并避免用手刺激胰腺组织，以免影响胰液的分泌。分离完毕，从胆总管下穿两根 1/0 号线，靠肠管的一根结扎，作为牵引线。用眼科剪在胆总管壁剪一小斜口，将制作好的胰液收集管插入小口内。插进后，可见黄色胆汁和胰液混合液流出。结扎并固定，此管供收集胰液用。然后顺着胆总管向上可找到肝总管，结扎。此时，在胰液收集管内可见有白色胰液流出。胰液收集管后端可再接内径 2 mm 的硅胶管，引出。胰液收集管可选用聚乙烯塑料软管，内径 2 mm，外径 3 mm，长 3 cm 左右。使用时用力将一端拉细，外径为 0.5 mm，剪成斜口，在粗细交界处绕 3～4 圈 0/0 号缝合线。

第三节　尿液的采集

一、代谢笼法

此法简单易行。将动物放在特制的笼内饲养，动物排泄时，可通过笼子底部的大小便分离漏斗，将尿液与粪便分开，从而达到采集尿液的目的。

二、输尿管插管法

在动物输尿管内插一根塑料套管收集尿液。此法适用于兔、猫、犬等。

1. 兔输尿管插管采集尿液

输尿管插管常用于一侧肾脏功能研究时分侧收集尿液。操作方法如下：麻醉，仰卧位固定在实验台上。于耻骨联合上缘向上沿正中线作约 4 cm 长切口，再沿腹白线剪开腹壁寻找膀胱，将其翻出腹外，在膀胱底两侧找到输尿管。在输尿管靠近膀胱处，用细线扣一松结，以玻璃分针或有钩小镊提起输尿管管壁，于输尿管上剪一小口。从小口向肾脏方向插入一根适当大小的细塑料导管，并将松结打紧以固定插管，这时可见尿液慢慢由导管流出(图 8-5)。将导管开口固定于记录器上，记录单位时间内尿液滴数。将滴下的尿液用量器收集，测量尿液量。实验过程中，应用温生理盐水纱布将手术部位覆盖，以保持动物腹腔温度和湿润肠管。

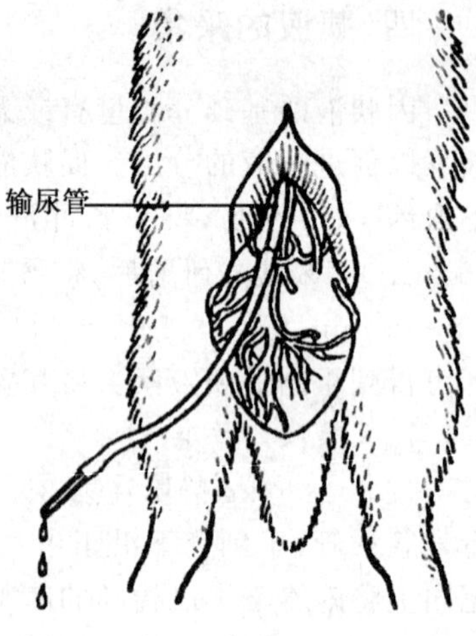

图 8-5 兔输尿管插管采集尿液

2. 犬输尿管插管采集尿液

将犬麻醉后，手术方法暴露双侧输尿管，在固定扎点约 2 cm 处的输尿管近肾段下方分别穿一根丝线，用眼科剪在管壁上剪一斜向肾侧的小切口，分别插入充满生理盐水的细塑料管(插入端剪成斜面)，用留滞的线结扎固定，可见到尿滴从插管中流出(头几滴是生理盐水)，塑料管的另一端与带刻度的容器相连或接在记滴器上，以便记录尿量。在实验过程中应经常活动一下输尿管插管，以防阻塞。在动物切口和膀胱处应以温湿的生理盐水纱布覆盖。

三、导尿法

用导尿法导尿可以采集到没有污染的尿液。如果严格执行无菌操作，可以收集到无菌尿液。雌雄实验动物在进行尿道插管采集尿液时的方法和技巧不同。下面分别进行介绍。

1. 雄犬尿液的收集

取一根内径 0.1～0.2 cm，外径 0.15～0.2 cm，长约 30 cm 较硬的塑料管，头端圆滑，尾端插一个注射用针头接尿液。先以液体石蜡润滑导尿管滑头端，然后由尿道口徐徐插入，一般均无阻力。插入深度为 22～26 cm，可根据动物大小而定，一般中等犬插入 24 cm 合适。当导尿管插入膀胱时，尿液可立即从管中流出，证明插入正确。然后再进入少许即可用胶布固定导尿管，或在尿道开口处缝一针，结扎固定导尿管，不致滑脱。将导尿管固定好，并把导尿管尾端放入刻度细口瓶内，收集尿液。若需长时间反复取样的实验，为避免尿液标本污染和实验犬尿道逆行感染，导尿管末端应按无菌技术要求保护，不开放时应用无菌敷料包扎夹闭。

2. 雌犬尿液的收集

取一根小号金属导尿管，内径 0.25～0.30 cm，长约 27 cm，插入前头端先用液体石蜡润滑，用组织钳将犬外阴部皮肤提起，再用一把小号自动牵开器将阴道扩开，即可见到尿道口。将导尿管由尿道口轻轻插入，深度 10～12 cm，即可插入膀胱，并可见到尿液从导尿管流出。在外阴部皮肤缝一针，将导尿管固定好。在固定导尿管时，可先用血管钳将导尿管夹闭，不使尿液外流，待缝扎固定好后再放开导尿管收集尿液或排空尿液。由导尿管尾端接一根细胶皮管通入玻璃量器内，收集、记录尿量。

3. 雄性家兔尿液的收集

一般用 2 kg 以上雄兔，按 30～60 mL/kg 给兔灌水，1 h 后用 25%乌拉坦溶液 4 mL/kg 耳静脉注射麻醉，将兔固定于兔台上，由耳静脉以输液泵(2 mL/min)注入 5%葡萄糖盐水，由尿道插入导尿管(顶端涂抹液体石蜡)，并压迫下腹部排空膀胱，然后收集正常尿，给药后再收集尿。在收集尿液期间应经常转动导尿管。

四、压迫膀胱法

在有些动物实验中，常为了某种实验目的，要求间隔一定的时间收集一次尿液，以观察药物的排泄情况。动物轻度麻醉后，实验人员用手在动物后腹部加压，手要轻柔有力。当加的压力足以使动物膀胱括约肌松弛时，尿液就会自动由尿道流出。此法适合于兔、犬、猫等较大动物。

五、膀胱插管法

此法一般用于犬等较大动物。麻醉，仰卧位固定于手术台上，在下腹部作长 6～8 cm 手术切口，从切口处取出膀胱。用粗线在膀胱体部的前壁穿过肌肉层作一椭圆形荷包口缝线。在荷包缝线下面用手夹住膀胱体部，顺着荷包口缝线的长轴切开膀胱，两端保留长 3～4 mm 的边缘。用小钩钩住切口的两端，将金属套管插入膀胱，套管应当用小型并且其底部边缘要向下翻成杯状，以免当膀胱缩小时损伤膀胱壁。随后把荷包口缝线结扎紧，将套管固定在腹壁切口上，同时缝合腹壁切口。平时用套管塞塞住瘘管口，实验时将其打开，用橡皮带将一漏斗绑到膀胱瘘管上，漏斗下面放小瓶收集尿液。

六、膀胱穿刺法

此法具有快速、方便和对尿道损伤小的优点。以犬为例，操作方法如下：麻醉，背位固定，剃去下腹部正中线区域被毛，在准备穿刺点耻骨联合上方消毒后，用左手触摸并固定膀胱，右手持事先准备好的带有 10 cm 长粗针头的 5 mL 注射器，在耻骨联合上 18 cm 或接近包皮 3 cm 处沿腹中线经皮刺入，入皮后针头应稍改变一下角度，以免穿刺后漏尿。刺入时慢慢深入，边进针边抽吸，以抽出尿液为度。如一次抽不出尿液，需拔出针头重新刺入。抽到尿液后用左手固定针头，取下针筒，再选用 5 号儿童导胃管经针头管道插入膀胱内，直到尿液从导管流出。然后轻轻拔出针头，留置导管，用缝针法固定导管。在导尿管尾端加一静脉滴注夹，可以定时控制尿液的收集和排放。

第四节　脑脊液、脊髓液、骨髓的采集

一、脑脊液的采集方法

1. 兔脑脊液采集

将兔麻醉后，除去其颈背侧区及颅的枕区皮肤上的被毛，消毒。作侧卧位，牢牢固定兔耳朵并弯曲其颈部以暴露颅底。用 22 号针头刺入枕外隆凸尾端约 2 mm 处，见图 8-6。

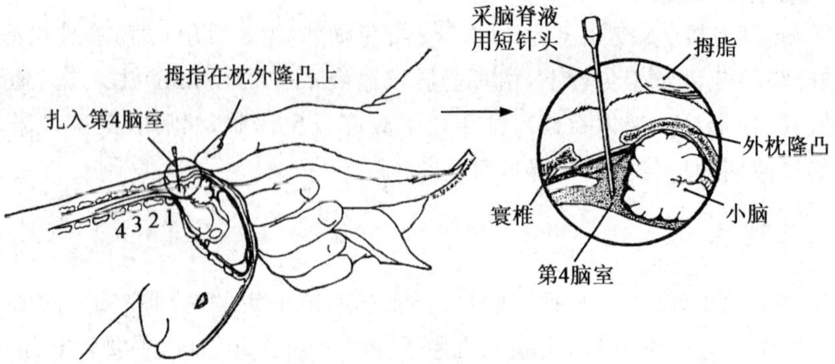

图 8-6　兔脑脊液采集

2. 犬脑脊液采集

用 3%戊巴比妥钠(30 mg/kg)将犬麻醉,使犬头尽量向胸部屈曲,用左手摸到其第 1 颈椎上方的凹陷,即枕骨大孔。右手取 7 号针头(将针头尖端磨钝),由此凹陷的正中线上顺平行犬嘴的方向小心地刺入小脑延髓池,见图 8-7。当针头正确刺入小脑延髓池时,会感到针头行进无阻力,同时可以听到一声很轻的"咔嚓"声,表示针头已穿过硬脑膜进入小脑延髓池,此时可抽出清亮的脑脊液。抽取量根据实验需要量决定,但也不能抽取太多,最多以 2～3 mL 为宜。抽取完毕,要注入等量的生理盐水以保证脑脊髓腔里的压力。注意事项:①取位正确,穿刺必须在枕骨大孔正中,偏刺易伤及两侧脑膜皱襞上的静脉而引起出血。②进针不能过深,一般不超过 2 cm。否则容易损毁延髓生命中枢或刺破第 4 脑室顶上的脉络丛而引起颅内出血,造成动物死亡。

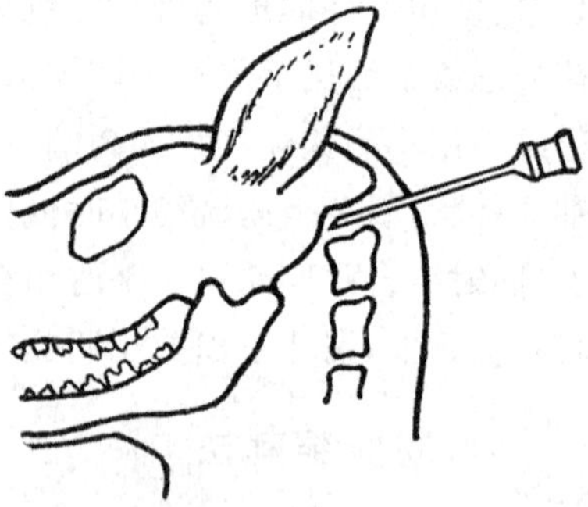

图 8-7　犬脑脊液采集

3. 小鼠脑脊液采集

将小鼠用乙醚麻醉,俯于三角形棒上,用胶带固定其头部,使头下垂与体位形成 45°角,以充分暴露枕颈部。从头至枕骨粗隆做中线切开 4 mm,再至肩部 1 mm,钝性分离。用虹膜剪剪去枕骨至寰椎肌肉,如出血可用烧灼器灼烧,即可见白色硬脑膜。用针头在椎骨和寰椎间 2 mm 处刺破,用微量吸管吸取脑脊液。微量管一端用胶纸封闭、标记。该方法一次可采集约 2.5 μL 脑脊液。

二、脊髓液的采集方法

以兔为例。将兔作自然俯卧式,尽量使其尾部向腹侧屈曲,剪去第 7 腰椎周围被毛,用 3%碘酊消毒,干后再用 75%酒精将碘酒擦去。在兔背部髋骨脊连线之中点稍下方找到第 7 腰椎间隙,插入腰椎穿刺针头。当针到达椎管内时,可见到兔的后肢抽动,即证明穿刺针头已进入椎管,用注射器抽取脑脊髓液。

三、骨髓的采集方法

猴、犬、羊等大动物骨髓的采集通常用活体穿刺法，一般选择胸骨、肋骨、髁骨、胫骨和股骨等造血功能活跃的骨组织。不同骨骼的骨髓穿刺点不同，见图 8-8。小动物因骨头小、骨髓少，不宜用穿刺采集，一般处死后采集，主要采集胸骨和股骨骨髓。穿刺工具一般用 16 号穿刺针。

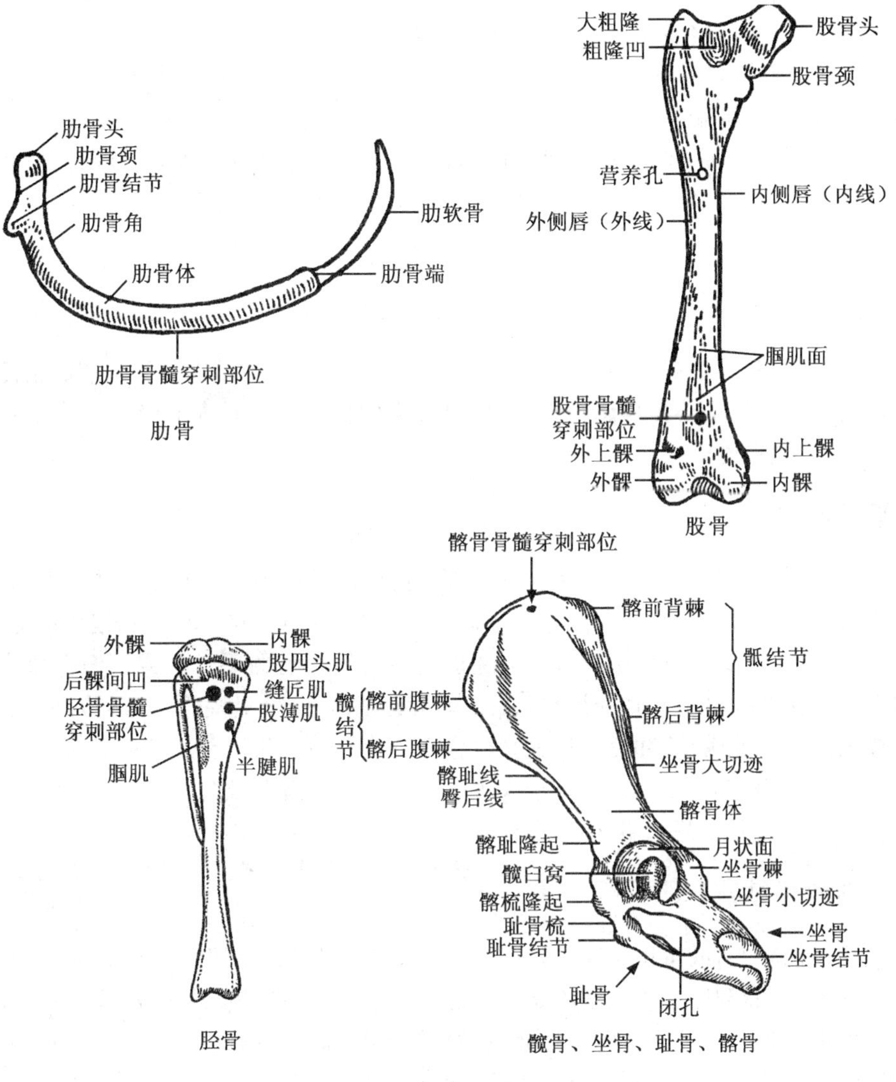

图 8-8　几种骨骼的骨髓穿刺点

(一)猴、犬、羊等的骨髓采集法

1. 骨髓穿刺点定位

胸骨：穿刺部位在胸骨中线，胸骨体与胸骨柄连接处，或选胸骨上 1/3 部；胫骨：穿刺部位在胫骨内侧，胫骨上端的下方 1 cm 处；肋骨：穿刺部位在第 5～7 肋骨各自的中点上；髁骨：穿刺部位在髁前上棘后 2～3 cm 的髁嵴；股骨：穿刺部位在股骨内侧面，靠下端的凹面处。

2.骨髓穿刺方法

实验动物按要求固定，穿刺部位去毛、消毒、麻醉，要求局部麻醉范围直达骨膜，也可作全麻。操作人员戴消毒手套，确定穿刺点，估计从皮肤到骨髓的距离并依此固定骨髓穿刺针长度。左手拇、食指绷紧穿刺点周围皮肤，右手持穿刺针在穿刺点垂直进针，小弧度左右旋转钻入，当有落空感时表示针尖已进入骨髓腔。用左手固定穿刺针，右手抽出针芯，连接注射器缓慢抽吸骨髓组织，当注射器内抽到少许骨髓时立即停止抽吸，取出注射器将骨髓推注到载玻片上，迅速涂片数张，以备染色镜检。左手压住穿刺点周围皮肤，迅速拔出穿刺针，用棉球压迫数分钟。如穿刺的是肋骨，除压迫止血外，还需胶布封贴穿刺点，防止发生气胸。

(二)大鼠、小鼠的骨髓采集法

将实验动物剖杀、固定，解剖取出股骨或胸骨，于第3胸骨节处剪断，将其断面的骨髓挤在有稀释液的试管内或玻片上，继而涂片、染色、镜检。

第五节　精液的采集

对不同实验动物，采集精液的方法各异。兔、犬、猪、羊等体型较大实验动物的精液采集常用假阴道诱精法。对于小动物来说，则可收集雌雄交配后4～24 h内的雌性动物生殖道内的阴道栓，涂片染色观察凝固的精液。

一、假阴道法

适用于兔、羊、犬、猪等动物。以兔为例。首先使假阴道内的温度和压力达到采精要求，并在假阴道开口端涂润滑剂(如凡士林、无菌生理盐水或精液稀释液)。再选用健康母兔，放入公兔笼内，让公兔爬跨母兔。也可用处理过的兔皮扎在持假阴道的手臂上或用假台兔代替活的母兔。采精者一手抓住母兔双耳和颈皮，将母兔固定好，另一只手持假阴道伸入母兔腹下，假阴道开口端紧贴于母兔阴户，并适时调整其位置和角度。当雄兔接受足够刺激时，随后马上将人工阴道套入雄兔阴茎上，使雄兔射精于人工阴道内。当公兔发出“咕咕”叫声时即表明射精完毕。射精后抬高假阴道开口端，取出集精器。

二、电刺激采精法

此法使用范围较广，既可用于兔、鸡等，也可用于金黄地鼠、小鼠、大鼠、豚鼠等动物，但需要电刺激采精器。采精时，让雄性动物站立或侧卧固定，剪去包皮周围的被毛，用生理盐水冲洗并拭干。将电极棒插入动物直肠深达靠近输精管壶腹部的直肠底壁，然后调节控制器，选择好频率，开通电源，调节电压由低到高，直至雄性动物伸出阴茎，勃起射精。如兔适用频率为15～20 Hz，电压为3 V、6 V、9 V或12 V。电流为100 mA，通电时间持续3～5 s，间隔5～10 s。鸡20～50 Hz，0～20 V。

三、徒手法

此法适用于犬和家禽。以鸡为例。先剪去公鸡泄殖腔周围羽毛，再以酒精消毒，干后采精。用右手中指和无名指夹着采精器，左手沿公鸡背鞍部向尾羽方向抚摸数次，左手顺势翻转手掌，将尾羽翻向背侧，并以拇指与食指跨在泄殖腔两侧上，右手拇指与食指跨在泄殖腔两下侧腹部柔软部，抖动触摸此处，然后迅速轻轻地用力向上抵压泄殖腔。重复此动作，直至精液流出。用右手持集精器收集精液。

四、子宫内回收法

让雌雄动物自然交配，然后从交配后的雌性生殖道内回收精液。如在山羊交配后 4～8 h，将母羊固定，全身麻醉（也可局部麻醉），下腹正中切口，将生殖器官（包括子宫、输卵管、卵巢）牵引至切口，先用尖端钝的针在子宫角上开孔，插入聚乙烯管（由输卵管伞部插入），准备好接收冲洗液的试管，用注射器由子宫体部注入 5～10 mL 预先加温至 37～38℃ 的冲洗液到子宫内，回收子宫内的精子，见图 8-9。

五、附睾内采精法

由于附睾内贮存有大量精子，故可从性成熟雄性动物附睾中直接采集精液。如把性成熟的雄性小鼠用颈椎脱臼法处死，立即摘出睾丸和附睾，在灭菌滤纸上除去血液和脂肪组织，然后用前端尖锐的剪刀剪开附睾尾，取出精子团。注意，整个附睾中，只有附睾尾中才有成熟的精子，故欲采集成熟精子，必须从附睾尾采集（图 8-10）。

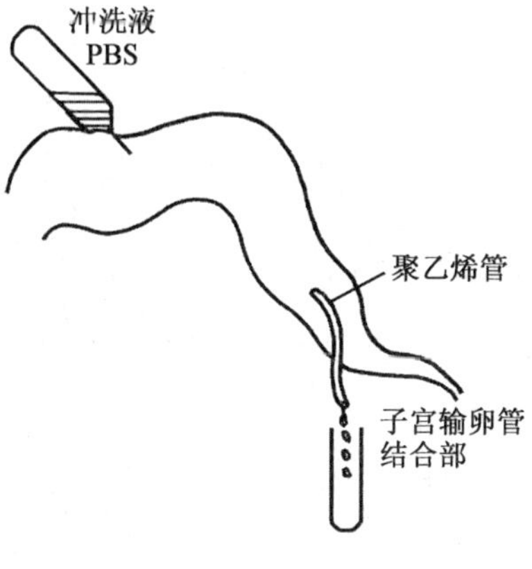

图 8-9　山羊子宫内冲洗精子

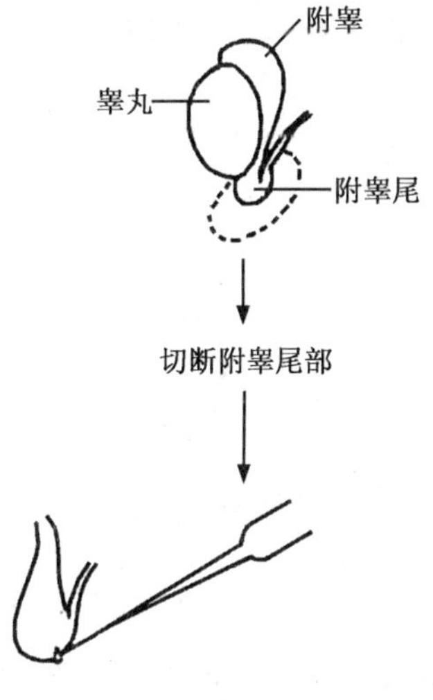

图 8-10　小鼠附睾内采精

第六节　乳汁的采集

用按摩挤奶收集乳汁的方法适合犬、猪、羊等大动物乳汁的采集。选用哺乳期的实验动物，在早上采集乳汁量最多，用手指轻轻按摩实验动物乳头，使乳汁自然流出，如乳汁不能自然流出，可张开手掌从乳房基底部朝乳头方向按摩、挤压整个乳房，即可挤出乳汁。采集泌乳期间雌性动物乳汁也可用相应的挤奶器，安上挤奶器一般几分钟乳汁就可流出，但挤奶前 4 h 应将幼仔和母体分开。当动物感到不安时，应立即停止挤奶。一般大鼠泌乳 7 d 后，每天每次可挤出乳汁 3～7 mL。

第七节　粪便的采集

粪便标本的采集直接影响到检查结果的可靠程度。采集粪便标本的方法，因检查目的不同而有差别。通常是采集自然排出的粪便。常规检查要求收集足量的标本，以便复查用及防止粪便迅速干燥。采取时应选择脓液、血液、黏液等病变成分，收集于干燥、清洁、无吸水性的有盖容器内送检。标本容器最好用内层涂蜡的硬纸盒，便于检查后焚毁消毒。也可用玻璃或搪瓷器皿，便于浸泡消毒。粪便采集时应注意不得混有尿液。为确保所采集粪样能代表粪便真实成分，对于大鼠、小鼠、豚鼠等小动物，可用肛拭子采集粪便：将灭菌棉签用灭菌生理盐水或培养液稍浸湿后，轻轻插入动物肛门深处，缓缓转后取出，棉签上即沾有粪样。对于犬、羊、猪等大动物，可在其粪便刚刚排出时，取粪便中段内部粪样。

第九章　麻　　醉

麻醉的目的主要是有效地消除手术时动物的疼痛感觉，消除动物的不适、恐惧和骚动，使其安静地配合手术，以保证手术顺利完成和术中人和动物的安全。从这个意义上来说，给动物麻醉和给人麻醉不尽相同，动物麻醉除了要达到术部无痛的作用，还要达到化学保定的目的。

动物麻醉所用的药物都对动物（无论健康或患病）生理功能带来某些不利影响，然而这些影响又都应是可逆的，其影响程度常因麻醉者应用药物种类和方法熟练程度的不同而有明显差异。手术对动物生理潜能实际上是一种消耗，所以麻醉和手术时必须重视对全身和各重要器官生理功能的调节，减少生理功能的无谓消耗。麻醉和手术都为了同一目的，二者必须密切配合，方能获得最佳效果。

第一节　麻醉的概念与分类

一、麻醉的概念

麻醉（anesthesia）是指用物理的或化学药品的方法，暂时性抑制动物体全身或局部的痛觉或痛觉传导，使痛觉消失或痛觉迟钝，以便顺利进行手术叫做麻醉。麻醉技术的日臻完善为动物外科手术的迅速发展提供了重要保证，在安全、无痛和肌肉松弛的麻醉条件下，动物体上实施手术的范围越来越广。

在进行手术时，经常会刺激传入神经和分布在动物体各部的感觉神经末梢。当强烈疼痛持续地传入大脑皮质时，会引起大脑皮质的抑制，使其失去对皮质下中枢的调节作用，而导致机体的生理机能发生障碍，甚至发生休克危及生命。因此，实施外科手术时麻醉是不可缺少的。正确地选择和应用麻醉方法，可以消除疼痛以保护大脑的正常调节机能；消除对中枢神经的刺激，防止因剧烈的疼痛而引起休克；可减少动物因疼痛骚扰所招致的人畜意外损伤事故和创口感染的危险；麻醉后动物安静便于手术顺利进行，给无菌手术操作创造有利条件，而且保定人员也可减少；麻醉后可按需要将动物转位保持一定位置，同时肌肉松弛便于手术操作，使愈合迅速，预后良好；麻醉过程中仍能保持呼吸、循环和代谢的正常生理功能。此外，许多实验动物性情凶暴，容易伤及操作者，需要实施麻醉。同时，基于人道主义角度的考虑，麻醉也是动物福利所必须采取的措施。但是麻醉药均有毒性和副作用，特别是全身麻醉如果掌握不好可能引起中毒甚至死亡。因此，要求我们对不同的动物，要恰当地选择麻醉方法和计算麻醉药量，以保证麻醉的安全。

二、麻醉的分类

目前由于麻醉的方法种类繁多，麻醉的分类也不一致，一般可按作用部位分为全身麻醉和局部麻醉，还有其他方法，如复合麻醉、针刺麻醉等。

(一)全身麻醉方法

利用麻醉药物对中枢神经系统产生暂时的抑制作用，从而使动物不感觉疼痛，但是仍保持延髓（呼吸、心血管运动中枢）和平滑肌组织的功能，这种麻醉称为全身麻醉。其特点是抑制深浅与药物在血液内的浓度有关，当麻醉药从体内排出或在体内代谢破坏后，动物即逐渐苏醒，不留后遗症。

根据麻醉的程度，可将全身麻醉分为浅麻醉和深麻醉。前者是注入的麻醉药量较少，虽然可使动物入睡，但反射活动只是降低或部分消失，肌肉轻微松弛。后者由于注入麻醉药量较多，可使家畜呈现深睡状态，反射消失及肌肉松弛。

根据麻醉药物进入体内的途径不同，全身麻醉又可分为吸入麻醉和非吸入麻醉。

1. 吸入麻醉

是将挥发性液体麻醉药或气体麻醉药经呼吸道吸入体内，从而产生麻醉作用的方法。吸入麻醉时，呼吸气体不受麻醉器械的限制，动物能自由呼吸空气，称为开放式。最常见的开放式吸入麻醉，是将麻醉药滴于口罩上，让动物吸入。如果呼吸部分地受到气体麻醉器械的控制，叫做半开放或半关闭式。由于麻醉器械对呼吸气体的干扰，呼出的二氧化碳虽大部分可被排出麻醉器械之外，但仍有一部分积存于麻醉器械中，这些二氧化碳在第二次吸气时仍可被吸入，此种现象称为复吸入。吸入麻醉时，复吸入的二氧化碳浓度低于1%，称为半开放式；复吸入的二氧化碳浓度高于1%，称为半关闭式。如果动物的呼气和吸气气流都受麻醉器械的控制，并不直接与大气相通，这种麻醉方法称为密闭式吸入麻醉。采用密闭式吸入麻醉，病畜呼出的二氧化碳都经过二氧化碳吸收剂（钠石灰）的处理，因而吸入气体中不含二氧化碳。

2. 非吸入麻醉

是将某种全身麻醉药通过皮下、肌肉、静脉或腹腔等途径注入动物体内而产生麻醉作用的方法。其特点是操作简便，不需要特殊的麻醉装置，因此是目前临床上常用的麻醉方法。

根据麻醉药进入体内的途径不同，分为静脉内麻醉、肌肉内麻醉、内服麻醉、直肠内麻醉、腹腔内麻醉等。

(二)局部麻醉方法

应用局部麻醉药，作用于机体的一定部位，使该局部痛觉的传入冲动暂时阻断，从而达到手术局部痛觉消失的一种麻醉方法。局部麻醉法的发展，给外科手术创造了极为有利的条件。不但简单的小手术，就是较复杂的一些大手术如开腹、胃切开等手术也可在局部麻醉下进行。有时在全身麻醉过程中往往也需要局部麻醉的配合。

局部麻醉的操作技术易掌握，需要人员和器材较少，麻醉作用出现快，对心脏、呼吸系统及实质器官不起有害作用，手术后可立即转移后送，适合于野外操作。但对于复杂的大手术，局部麻醉往往不能达到目的。

根据给药途径和操作方法的不同，局部麻醉又分为表面麻醉、局部浸润麻醉、区域阻滞麻醉和脊髓麻醉。

1. 表面麻醉

利用喷雾、涂布或填塞的方法，使穿透性能较强的局部麻醉药与手术区的黏膜充分接触，使其痛觉暂时消失或减轻的方法，称表面麻醉。

2. 局部浸润麻醉

是将局部麻醉药注射到局部的各层组织中，从而使该部位的神经末梢麻醉的方法。局部浸润麻醉时，必须认真达到“浸润”的目的，即使局部麻醉药液在组织内形成一定的张力。因此，麻醉药液宜采用最低的有效浓度，并作较充分的浸润。

3. 区域阻滞麻醉

将局部麻醉药注射于神经干、神经丛等部位，以阻断神经传导的方式，使麻醉作用产生于注射部位远端的方法，叫做区域阻滞麻醉或神经阻滞(nerve block)。这种麻醉方法要求准确掌握神经干的位置、走向和外部体表投影，以及较熟练的操作技术，才能获得最充分的麻醉效果。

4. 脊髓麻醉

将局部麻醉药注射入椎管内，从而使椎管内某些脊髓神经被阻滞的方法。根据局部麻醉药注入部位的不同，椎管内麻醉又可分为蛛网膜下腔麻醉和硬膜外腔麻醉。

(三)其他麻醉方法

1. 复合麻醉

应用多种麻醉药或麻醉方法彼此配合，借以达到所需的麻醉程度，称复合麻醉。复合麻醉的优点是可避免单纯用一种麻醉药或麻醉方法所造成的中枢神经系统的过度抑制，从而减少麻醉后可能发生的并发症，保证动物体术后生理机能迅速恢复。

近年来，由于对全身麻醉药、局部麻醉药、镇痛药和肌肉松弛剂等的研究不断深入，因此复合麻醉的应用越来越广，有局部麻醉的复合、局部麻醉和全身麻醉的复合以及全身麻醉的复合等。

2. 针刺麻醉

针刺麻醉是用针刺激某一穴位或某些穴位，以达到镇痛的效果，从而能够顺利进行手术的方法。在兽医临床实践中，因针刺的刺激量较弱，同时用手法捻针既费时又费力，所以现一般多改用不同波型、频率和强度的电刺激进行电针麻醉。

第二节　常用的吸入麻醉方法

吸入麻醉是将挥发性麻醉剂或气体麻醉剂，由动物经呼吸道吸入体内从而产生麻醉效果的方法。吸入麻醉药物常见的有安氟醚、异氟醚、氧化亚氮等。吸入麻醉剂的特点是麻醉深度易于掌握，比较安全，而且麻醉后恢复比较快。

一、大鼠、小鼠、豚鼠的吸入麻醉

将含有吸入麻醉剂的棉球或纱布放入大烧杯内，将动物放入，用塑料薄膜封口，观察动物的行为。开始时动物出现兴奋，继而出现抑制，自行倒下。当动物角膜反射迟钝、肌肉紧张度降低时，即可取出动物。如果动物逐渐开始恢复肌肉紧张(重新挣扎)，则重复麻醉一次，待平静后即可进行实验。若实验时间长，可先将动物固定在实验台上，将含有吸入麻醉剂的棉球或纱布靠近其鼻部。在实验过程中，应注意动物的反应，适时追加吸入麻醉剂吸入量，以维持其麻醉深度和时间。

二、猫、兔的吸入麻醉

将吸入麻醉剂倒在棉花上，放入麻醉瓶内，然后将动物投入，盖紧瓶塞。经过 1～2 min，从动物后腿依次出现麻痹现象，而后失去运动能力，这表明动物已进入麻醉状态。隔 4～6 min 可将动物麻醉。当发现其倾斜后仍不能站立而跌倒，则说明已进入深度麻醉期，立刻取出动物。此时动物肌肉松弛，四肢紧张性明显降低，角膜反射迟钝，皮肤痛觉消失，可实施手术。

三、犬的吸入麻醉

首先将犬嘴用绳绑牢固，然后根据犬的大小，选择合适的麻醉口罩，将纱布置入口罩内，加上吸入麻醉剂。一人用手固定犬的前后肢，另外一人用膝顶住犬的胸颈部，一手捏住头颈(但不能太用力，以防窒息)，一手将口罩套在犬嘴上。开始麻醉时，吸入麻醉剂用量可以多些，之后逐渐减少。犬吸入麻醉剂后，开始处于兴奋状态，出现挣扎，呼吸不规则，尔后就会发现犬的呼吸逐渐平稳，肌肉紧张度逐渐消失，角膜反射迟钝，对皮肤刺激无反应。这说明犬已经进入麻醉状态，应该除去犬嘴绑绳，开始实验。

吸入麻醉剂后有时甚至发生窒息。如果发生窒息，应暂停吸入，等呼吸恢复后再继续。随着吸入麻醉剂量的加大，犬的呼吸加深，肌肉紧张度增加，这时要防止吸入过量的麻醉剂。办法是：在犬每吸入数次后，取下口罩，让其呼吸一次新鲜空气。如呼吸不能恢复立即行气管插管。

由于吸入麻醉剂的作用在较短时间内可恢复，为维持长时间的麻醉，可采取下述方法追加麻醉：准备一个辅助麻醉瓶，内装有含麻醉剂的脱脂棉球，在动物麻醉变浅时，可将辅助麻醉瓶套在动物口鼻上，使其补吸麻醉剂。

麻醉瓶可按以下方法制作：用密封透明的玻璃容器，在麻醉前放入 1 cm 高左右的吸入麻醉剂，然后投入棉球即可。辅助麻醉瓶也可以自制，可以采用离心管、试管、小烧杯等，放入麻醉剂、棉球待用。麻醉瓶、辅助麻醉瓶的大小，应根据动物的大小而定。犬和猪等大动物在作时间长的实验时，可用麻醉机进行气管插管法吸入安氟醚或异氟醚麻醉。

四、气体麻醉机的使用

气体麻醉机(图 9-1)的出现和使用促进了吸入麻醉的发展，避免了麻醉剂的挥发对操作人员造成的伤害。麻醉机既能准确释放麻醉气体，从挥发罐中释放出准确浓度的麻醉蒸气，用以控制麻醉深浅，又能提供充足的氧气，循环呼吸，为术中动物提供生命支持。

麻醉机在工作中首先把高压气体(空气、氧气、笑气等)经减压阀降为低(0.5 MPa 左右)而稳定的气体压力，流量计调节所需一定流量气体供麻醉机使用；麻醉药物经挥发罐转换为麻醉蒸气后，调节所需定量的麻醉蒸气供术者使用。饱含一定比例麻醉蒸气的氧气或空气，利用动物体呼吸时的吸气负压吸入肺部进入体内，通过血液输送到机体各个器官，使器官在一定的时间内暂时失去知觉和各种反射，从而达到麻醉目的。实际上，动物在进入到麻醉期后，是利用麻醉机中的呼吸器来控制动物的麻醉呼吸过程。在这个过程中，术中动物时时刻刻处于完全危险的状态。呼吸器不仅仅提供麻醉给药和呼吸的循环过程，根据动物各种呼吸状态的不同及需要，要准确调整潮气量、呼吸频率、呼吸时间比，还有各种呼吸模式如定容或定压等。呼

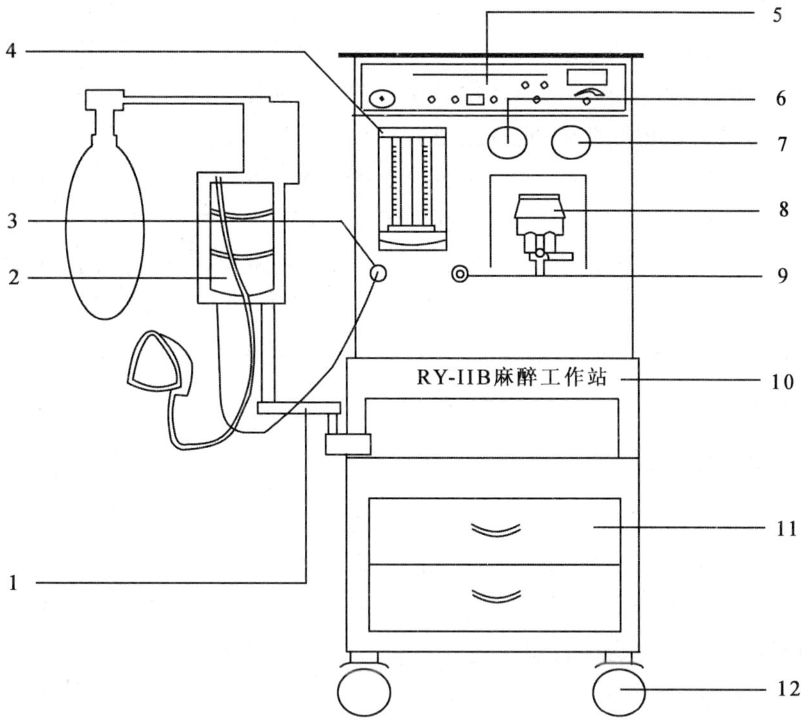

图 9-1　RY-IIB 麻醉工作站

1.回路支撑臂　2.呼吸循环回路　3.共同气出口　4.流量计
5.麻醉呼吸机　6.O_2 供应压力表　7.N_2O 供应压力表
8.蒸发器　9.快速供氧开关　10.桌面　11.抽屉　12.脚轮

吸器驱动常分为气动、电动、气动电控，气动电控使用较普遍。呼出的气体通过呼出活瓣进入二氧化碳吸收器再送入储气囊。二氧化碳吸收器将循环回路里动物呼出的气体有效地吸收，吸收器中的吸收剂常用的是钠石灰。当整个麻醉机一个呼吸循环过程完成后，安全监测就成为保证麻醉质量和手术成功率的重要因素。麻醉师根据动物的种类、生理、生化指标设定机器工作状态，当机器工作不正常或超出设定范围后，报警显示，安全得到提高。现代麻醉机都装有自检软件程序，每次开机时会进行自检。正常时会通过，不正常时机器会有提示并停止继续工作，可以为麻醉师提供帮助。

第三节　常用的非吸入全身麻醉方法

非吸入麻醉是指麻醉药不经吸入方式进入体内并产生麻醉效应的方法。非吸入麻醉有许多特点，如操作简便，不需要有特殊的麻醉装置，一般不出现兴奋期，是目前较为常用的一类麻醉方法。这种麻醉的缺点是不能灵活掌握用药的剂量、麻醉深度和麻醉持续时间，所以要求更准确地了解药物的特性、动物体反应情况及个体差异，并在施行麻醉时认真地操作，临床经验的积累也很重要。

非吸入麻醉剂的给药途径有多种，如静脉注射、皮下注射、肌肉注射、腹腔注射、口服以及直肠灌注等。其中静脉注射麻醉法因作用迅速、确实，在临床上占有重要的地位。但在静脉注射有困难时，也可根据药物的性质，选择其他适宜的投药途径。

非吸入麻醉药因动物种属的不同，在使用上各有其特点。除了应考虑到种属之间差异外，有时还应考虑到个体之间对药物耐受性的不同，即所谓个体间差异。在临床使用上，应针对动物的种类选择相宜的药物。用药的剂量，因给药的途径不同而有所差别。剂量过小，则达不到理想的麻醉效果，追加给药比较麻烦，且多次追加还有蓄积中毒之忧；剂量过大，一旦药物进入体内，则很难消除其持续的效应作用，故应慎重。对某些安全范围狭窄的药物尤应注意。

一、大、小鼠的注射麻醉

大、小鼠的常用注射麻醉药有：戊巴比妥钠，腹腔注射 2.0～2.5 mg/kg 体重，麻醉时间可达 2～4 h；异戊巴比妥钠，腹腔注射 10 mg/kg 体重，麻醉时间可达 4～6 h；硫喷妥钠，静脉或腹腔注射 5.0～10 mg/kg 体重，麻醉时间可达 15～30 min；巴比妥钠，皮下注射 2 mg/kg 体重，麻醉时间可达 4～6 h；速眠新，肌肉注射 0.05～0.1 mg/kg 体重(大鼠)，0.005～0.01 mg/kg 体重(小鼠)，麻醉时间可达 3～4 h。

二、犬的注射麻醉

犬的常用注射麻醉药有：戊巴比妥，静脉注射 20～30 mg/kg 体重，麻醉时间可达 30～40 min；异丙酚，静脉注射 5～7.5 mg/kg 体重，麻醉时间可达 5～10 min；硫戊巴比妥，静脉注射 10～15 mg/kg 体重，麻醉时间可达 5～10 min；硫喷妥钠，静脉注射 10～20 mg/kg 体重，麻醉时间可达 5～10 min；氯胺酮，肌肉注射 2.5～7.5 mg/kg 体重，同时肌肉注射美托咪定 40 μg/kg 体重，麻醉时间可达 30～45 min；速眠新，肌肉注射 0.04～0.08 mg/kg 体重，麻醉时间可达 3～4 h。

三、猪的注射麻醉

猪的常用注射麻醉药有：戊巴比妥，静脉注射 20～30 mg/kg 体重，麻醉时间可达 20～30 min；异丙酚，静脉注射 2.5～3.5 mg/kg 体重，麻醉时间可达 5～10 min；硫戊巴比妥，静脉注射 6～9 mg/kg 体重，麻醉时间可达 5～10 min；氯胺酮，肌肉注射 20～30 mg/kg 体重，麻醉时间可达 20～30 min；替来他明，肌肉注射 6～8 mg/kg 体重，麻醉时间可达 20～30 min。

四、兔的注射麻醉

兔的常用注射麻醉药有：戊巴比妥钠，腹腔注射 1.0 mg/kg 体重，皮下注射 1.4～1.7 mg/kg 体重，麻醉时间可达 2～4 h；异戊巴比妥钠，腹腔注射 0.8～1.0 mg/kg 体重，或静脉注射 0.8～1.0 mg/kg 体重，麻醉时间可达 4～6 h；硫喷妥钠，静脉或腹腔注射 1.3～2.5 mg/kg 体重，麻醉时间可达 15～30 min；巴比妥钠，腹腔注射 4.0 mg/kg 体重，麻醉时间可达 4～6 h；速眠新，肌肉注射 0.2～0.3 mg/kg 体重，麻醉时间可达 3～4 h。

第四节　常用的局部麻醉方法

局部麻醉是利用某些药物有选择性地暂时阻断神经末梢、神经纤维以及神经干的冲动传导，从而使其分布或支配的相应局部组织暂时丧失痛觉。其特点是动物保持清醒，对重要器官功能干扰轻微，麻醉并发症少，是一种比较安全的麻醉方法。适用于大中型动物各种短时间内的实验。但是，由于动物保持清醒状态，故动物的保定十分重要。

一、常用的局部麻醉方法

1. 表面麻醉方法

将局部麻醉药滴、涂布或喷洒于黏膜表面，利用麻醉药的渗透作用，使其透过黏膜而阻滞神经末梢产生麻醉，称表面麻醉。

2. 局部浸润麻醉方法

将局部麻醉药沿手术切口线皮下注射或深部分层注射，阻滞周围组织中的神经末梢而产生麻醉，称局部浸润麻醉。可按手术需要，选用直线浸润、菱形浸润、扇形浸润、基部浸润等方式。常用 0.25%～1%盐酸普鲁卡因溶液。注意勿将麻醉药直接注入血管，以免产生毒性反应。也可采用低浓度麻醉药，逐层组织麻醉后方可进行手术。麻醉药液浓度小，且随切口流出或被纱布吸走，不易引起机体中毒。为减少药物的吸收和延长麻醉时间，可加入适量的肾上腺素。

3. 区域阻滞麻醉方法

将局部麻醉药注射到神经干周围，使其所支配的区域失去痛觉而产生麻醉，称为区域阻滞麻醉。该法可使少量麻醉药产生较大区域的麻醉。常用 2%～5%盐酸普鲁卡因或 2%盐酸利多卡因。

4. 硬膜外麻醉方法

将局部麻醉药注射到硬膜外腔，阻滞脊神经的传导，使其所支配的区域无痛而产生麻醉，称硬膜外麻醉。其适应症为犬、猫的后肢手术、难产救助以及尾部、会阴、阴道、直肠与膀胱的手术。但在休克、脊柱肿块与骨折、脊髓疾病、腰部感染性皮肤病时禁用。注射部位于 L7～S1，S3～Cy1，Cy1～2。犬、猫的硬膜外腔麻醉，以腰、荐椎间隙最为常用。

二、常用的局部麻醉药物

常用的局部麻醉药物有盐酸普鲁卡因、盐酸利多卡因和盐酸丁卡因。

1. 普鲁卡因

为对氨苯甲酸酯，是无刺激性的局部麻醉剂，麻醉速度快，注射后 1～3 min 内就可产生麻醉，可以维持 30～45 min。普鲁卡因对皮肤和黏膜的穿透力较弱，需要注射给药才能产生局麻作用，它可使血管轻度舒张，易被吸收入血而失去药效。为了延长其作用时间，常在溶液中加入少量肾上腺素(每 100 mL 加入 0.1%肾上腺素 0.2～0.5 mL)能使麻醉时间延长 1～2 h。常用 1%～2%盐酸普鲁卡因溶液阻断神经纤维传导，剂量应根据手术范围和麻醉深度而定。猫、犬的局部麻醉用 0.5%～1%盐酸普鲁卡因注射。普鲁卡因的副作用：在大量药物被吸收后，表现出中枢神经系统先兴奋后抑制。这种作用可用巴比妥类药物预防。

2. 利多卡因

常用于表面、浸润、区域阻滞麻醉和硬脊膜外腔麻醉。利多卡因的化学结构与普鲁卡因不同，它的效力和穿透力比普鲁卡因强 2 倍，作用时间也较长。阻断神经纤维传导及黏膜表面麻醉浓度为 1%～2%。

3. 丁卡因

丁卡因化学结构与普鲁卡因相似，但其能穿透黏膜，作用迅速，1～3 min 发生作用，持续 60～90 min。其局麻作用比普鲁卡因强 10 倍，吸收后的毒性作用也就相应加强。

3 种常用局部麻醉药特点比较见表 9-1。

表 9-1　3 种常用局部麻醉药的特点比较

项目	普鲁卡因	利多卡因	丁卡因
组织渗透性	差	好	中等
作用显效时间	中等	快	慢
作用维持时间	短	中等	长
毒性	低	略高	较高
用途	多用于浸润麻醉	多用于传导麻醉	多用于表面麻醉

三、犬、猫和猪的局部麻醉

根据实验的目的不同，选择不同的实验动物、实验部位及不同的局部麻醉方法。选择对眼结膜与角膜以及口、鼻、直肠、阴道黏膜为实验部位时，多采用表面麻醉。做结膜与角膜麻醉时，可用 0.5%丁卡因或 2%利多卡因溶液。做口、鼻、直肠、阴道黏膜麻醉时，可用 1%～2%丁卡因或 2%～4%利多卡因溶液，间隔 5 min 用药一次。

做犬、猫的后肢手术、难产救助以及尾部、会阴、阴道、直肠与膀胱的手术时，多采用硬膜外麻醉方法。麻醉时，犬、猫伏卧于检查台上，两后肢向前伸曲并被一助手固定，腰背弓起。其注射点位于两侧髂骨翼内角横线与脊柱正中轴线的交点，在该处最后腰椎棘突顶和紧靠其后的相当于腰荐孔的凹陷部。穿刺部剪毛、消毒后，以大约 45°向前方刺入套管针头，可感觉弓间韧带的阻力，至感觉阻力突然消失。证实刺入硬膜外腔后，抽出针芯，缓慢注入麻醉药液，常用 2%盐酸利多卡因、2%卡波卡因、0.5%布比卡因。按动物枕部至腰荐部的长度，使用剂量为 0.3～0.5 mL/10 cm，相当于 0.15～0.2 mL/kg 体重。其有效麻醉时间分别为 60 min、120 min 和 180 min。犬、猫的最大剂量分别为 6 mL 和 1 mL。

第十章　外科手术的基本技术

手术是动物实验的重要方法，而手术基本操作技术又是手术过程中的重要的一环。尽管动物外科手术种类繁多，手术范围、大小和复杂程度不同，但就手术操作本身来说，其基本技术如组织分割、止血、打结、缝合等还是相同的，只是由于所处的解剖部位不同，病理变化不一，在处理方法上有所差异而已。因此，可以把外科手术基本操作理解为一切手术的共性和基础。在动物外科实验中，手术能否顺利地完成，在一定意义上取决于对基本操作的熟练程度及其理论的掌握。为此，在学习中要重视每一过程、每一步骤的操作，认真锻炼这方面的基本功，逐步做到操作时动作沉稳、敏捷、准确、轻柔，这样才能缩短手术时间，减少术后并发症的发生，提高手术成功率。

第一节　常用的手术器械及其使用方法

施行外科手术需要使用多种器械，手术器械的种类和名称虽多，其中有一些是任何手术都必须使用的基本器械。熟练掌握这些器械的使用方法，是外科手术的基本功之一。

常用的基本手术器械有手术刀、手术剪、手术镊、止血钳、持针钳、缝针、牵开器等。

一、手术刀

手术刀主要用于切开和分离组织。手术刀的刀柄有活柄和固定柄两种。一般常用的是活柄的，即可更换刀片的手术刀。手术刀的刀片也有不同的大小和外形，可根据不同手术的需要选择（图 10-1）。如用 4、6 和 8 号刀柄，可安装 19、20、21、22、23 和 24 号刀片；用 3、5 和 7 号刀柄，可安装 10、11、12 和 13 号小刀片。

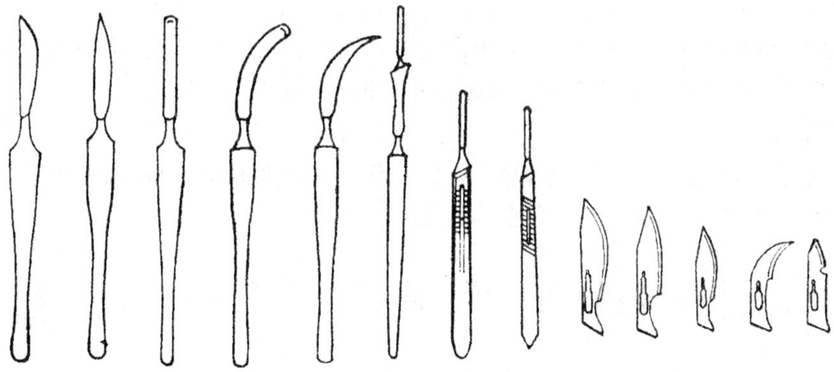

图 10-1　各种手术刀

装刀方法是用止血钳或持针钳夹持刀片，装置于刀柄前端的槽缝内，见图 10-2。

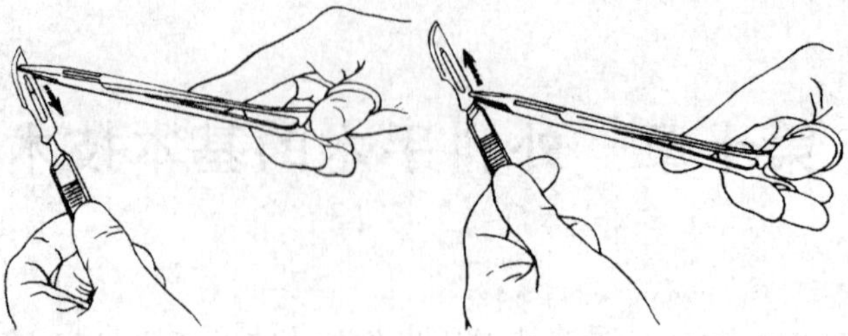

图 10-2　手术刀片装、取法

手术时，执刀的方法必须正确，运刀动作的力量要适当。执刀的姿势和动作的力量，根据组织的种类而有所不同。一般常用 5 种执刀法，见图 10-3。

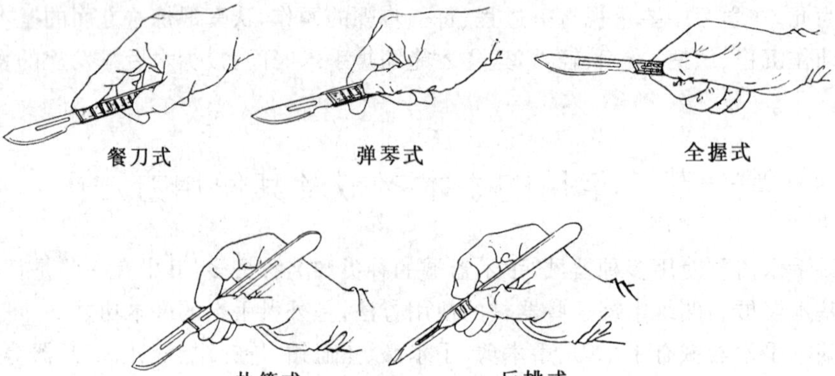

图 10-3　执刀法

1. 餐刀式

用食指按在刀背上，其余指和掌后部握刀柄。这种执刀法下刀有力，一般用于比较坚韧的、较长距离的组织切开时，如皮肤与肌腱的切口。

2. 执笔式

拿刀的姿势和执笔的方法相同。刀刃向上时，称为反挑式执刀法。这种执刀方法，动作和力量主要在手指，用于小力量短距离的精细操作，如分离血管、神经等。

3. 弹琴式

拿刀的姿势与持提琴弓相似，这种执刀法，动作主要涉及腕部，力量在手指头，用于较轻力量较快地切开松软组织时，如浆膜、黏膜等的切开。

4. 全握式

以全手握持刀柄的一种方式，用于切断坚韧组织。

5. 反挑式(挑起式)

即刀刃由组织内向外面挑开，以免损伤深部组织，如腹膜切开。

不论何种执刀方法，握刀柄的位置高低要适当，过低妨碍视线，过高控制不稳。在手术中，应用手术刀切开或分离组织时，一般都应使用刀刃凸出的部分而避免使用刀尖，以免刀尖插入深层组织，引起不必要的损伤。操作时，刀刃应与组织面垂直，由浅而深逐层切开，并根据不同部位的解剖特点，适当控制力量和深度，手术刀用后应立即递给器械助手，不允许任意放在手术区，以免造成手术动物和手术人员的意外损伤。

手术刀的使用范围，除了刀刃用于切割组织外，还可以用刀柄做组织的钝性分离，或代替骨膜分离器剥离骨膜。在手术器械数量不足的情况下，还可代替手术剪切开腹膜、切断缝线等。

二、手术剪

用于分离和剪开、剪断组织的叫组织剪，见图 10-4；用于剪线和剪敷料等用品的叫剪线剪，见图 10-5。组织剪和剪线剪均有不同的类型、大小和长短，但剪线剪一般为钝头直剪，在质量上和形式上的要求不如组织剪严格。

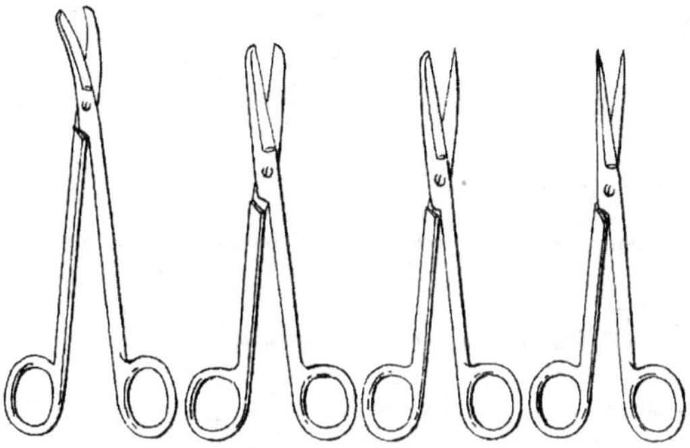

图 10-4 组织剪

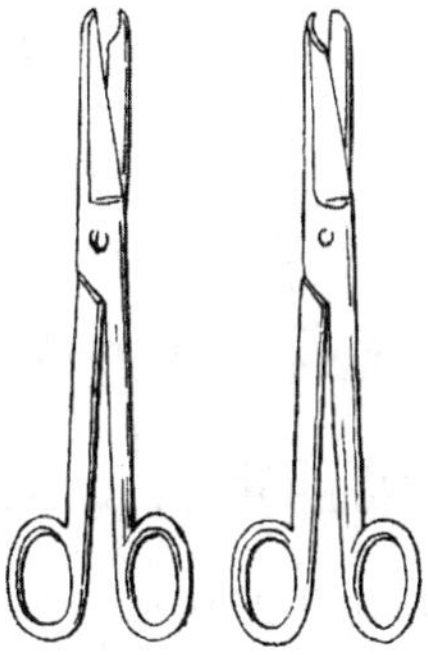

图 10-5 剪线剪

组织剪分为直、弯两种，其前端又有尖头和钝头之分。直剪适用于浅部手术操作，弯剪适用于深部手术操作。手术中剪开组织时，组织剪剪刃必须锐利，才不致引起不必要的挤压损伤。同时，一般应用剪刃的前端，逐步剪开，这样可以避免误伤重要组织器官。

正确的执剪法是以拇指和第 4 指插入剪柄的两环内，但不宜插入过深；食指轻压在剪柄和剪刀交界的关节处，中指放在第 4 指环的前外方柄上，准确地控制剪的方向和剪开的长度（图 10-6）。其他的执剪方法都有缺点，是不正确的。

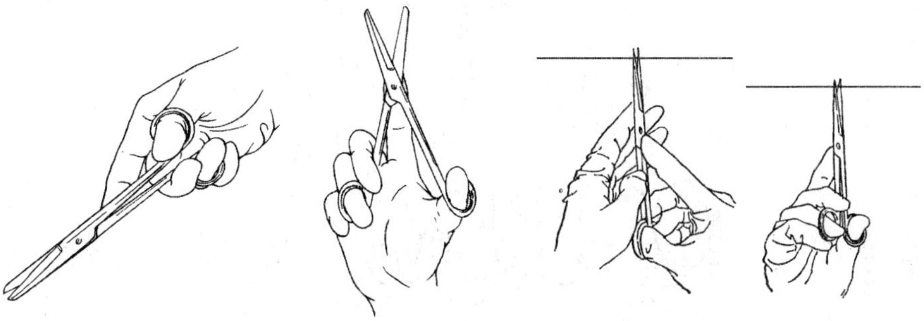

图 10-6 执剪法与剪线法

三、手术镊

手术镊用于夹持、稳定或提起组织以便于分离、切开或缝合。常用的手术镊有两大类：一类前端有齿，一般为2～5个，可以较牢固地夹住组织，但齿尖对组织有一定的损伤，因而多用于皮肤、皮下组织、筋膜、肌腱等坚韧而较结实的组织；另一类前端无齿，用于黏膜、血管、神经等脆弱组织，损伤较少。执镊方法是用拇指对食指和中指执拿，执夹时力量应适中，避免挤压组织过重造成损伤，见图10-7。

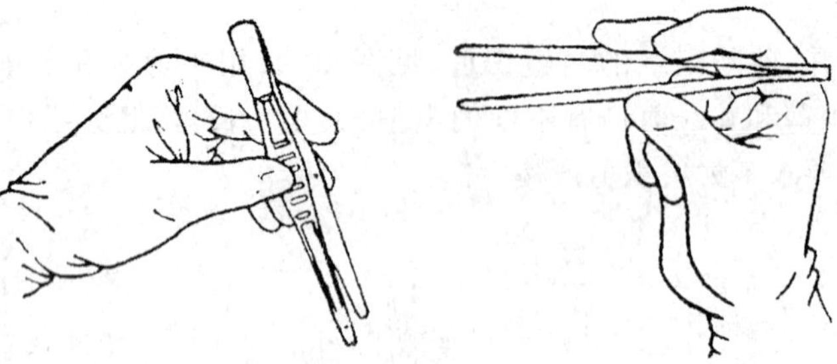

图10-7 执镊法

四、止血钳

止血钳主要用途为夹住出血部位的血管或组织达到止血的目的，或便于用线结扎止血。有时也用于分离组织、拔出缝针、牵引缝线等。止血钳一般有弯、直两种，并分大、中、小等型，见图10-8。直钳用于浅表组织和皮下止血，弯钳用于深部止血，最小的一种蚊式止血钳，用于眼科及精细组织的止血。用于血管手术的止血钳，齿槽的齿较细，较浅，弹力较好，对组织压榨作用和对血管壁及其内膜的损伤亦较轻，称“无损伤”血管钳。止血钳尖端带齿者，叫有齿止血

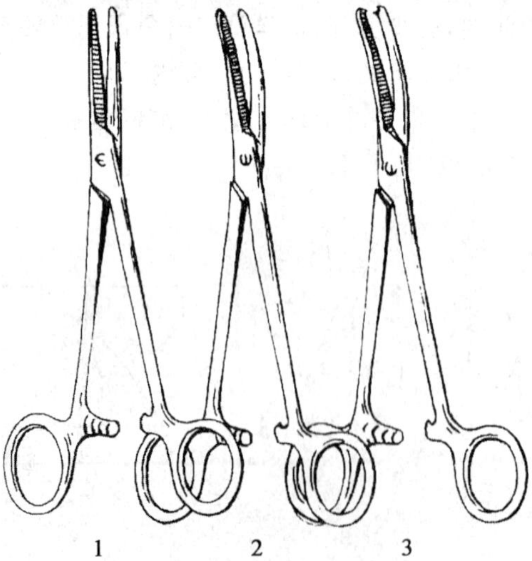

1　　2　　3

图10-8 各种类型止血钳

1.直止血钳　2.弯止血钳　3.有齿止血钳

钳，多用于夹持较厚的坚韧组织。骨手术的钳夹止血多用有齿止血钳。外科临床上选用止血钳时，应尽可能选择尖端窄小的，以避免不必要地钳夹过多的组织。在结扎止血除去止血钳时，应按正规执拿方法慢慢松开锁扣；在浅部手术及一般组织止血时，可不必将手指插入柄环内，而以右手拇指、中指夹住内侧柄环，食指推动外侧柄环使锁扣松开，这样动作较快，可以节约时间。

任何止血钳对组织都有压榨作用，只是程度不同，所以不宜用于夹持皮肤、脏器及脆弱组织。执拿止血钳的方式与手术剪相同。松钳方法：用右手时，将拇指及第 4 指插入柄环内捏紧使扣分开，再将拇指内旋即可；用左手时，拇指及食指待一柄环，第 3、4 指顶住另一柄环，二者相对用力即可松开，见图 10-9。

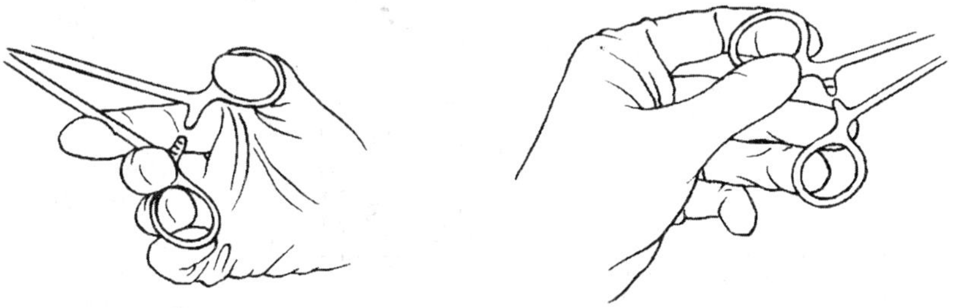

图 10-9　右手及左手松镊法

五、持针钳

持针钳又称持针器，用于夹持缝针缝合组织。持针钳常有两种形式，即握式持针钳和钳式持针钳，见图 10-10。大动物手术常使用握式持针钳，小动物手术常使用钳式持针钳。使用持针钳夹持缝针时，缝针应夹在靠近持针钳的尖端，若夹在齿槽床中间，则易将针折断。一般应夹在缝针的针尾 1/3 处，缝线应重叠 1/3，以便操作。持钳法如图 10-11 所示。

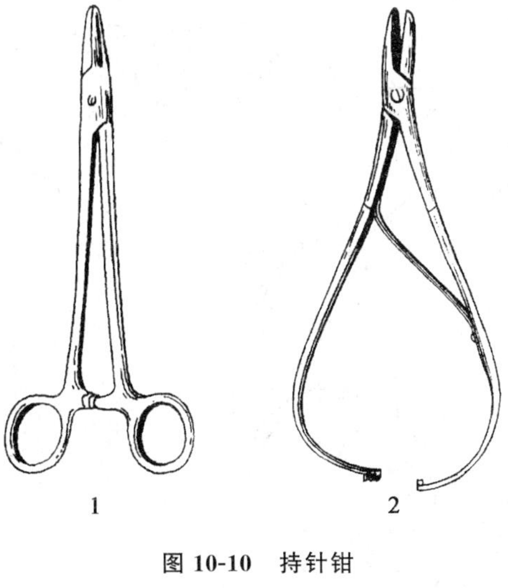

图 10-10　持针钳

1. 钳式持针钳　2. 握式持针钳

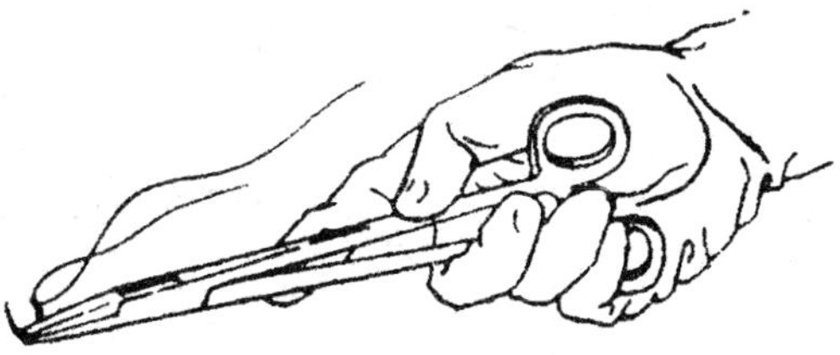

图 10-11　持钳法

六、缝针

缝针的种类很多,大小粗细也不同。手术时应根据具体的需要选择适用的缝针。从外形区分,缝针大致有直针和弯针两类。直针一般较长,可用手直接操作,动作较快,适合于肠壁、筋膜等的缝合;弯针又分为半弯针和全弯针,半弯针和全弯针均须用持针钳夹持操作。半弯针适合于皮肤切口的缝合,全弯针适合于腹膜、肌肉等的缝合。各种缝合针见图 10-12。

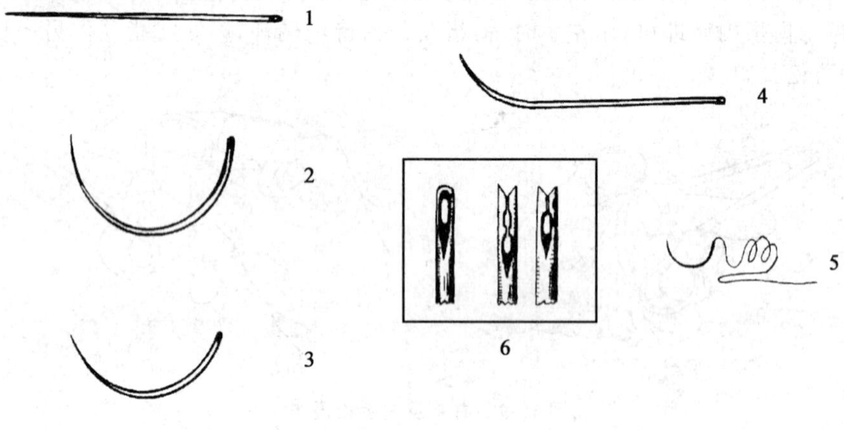

图 10-12　缝合针的种类

1.直针　2.1/2 弧形　3.3/8 弧形　4.半弯形　5.无损伤缝针　6.弹机孔形尾构造

缝针的尖端有圆形和三角形两种。三角形针尖有锐利的刃缘,能穿过较坚韧的组织,如皮肤、腱、骨膜、软骨以及瘢痕较多的组织等,但易于切破附近血管,针通过组织后所留下的孔道较大。圆形针尖端呈圆锥形,尖部细、体部渐粗,穿过组织时损伤较轻,适合于大多数软组织,如筋膜、肌肉、腹膜、神经的缝合,见图 10-13。

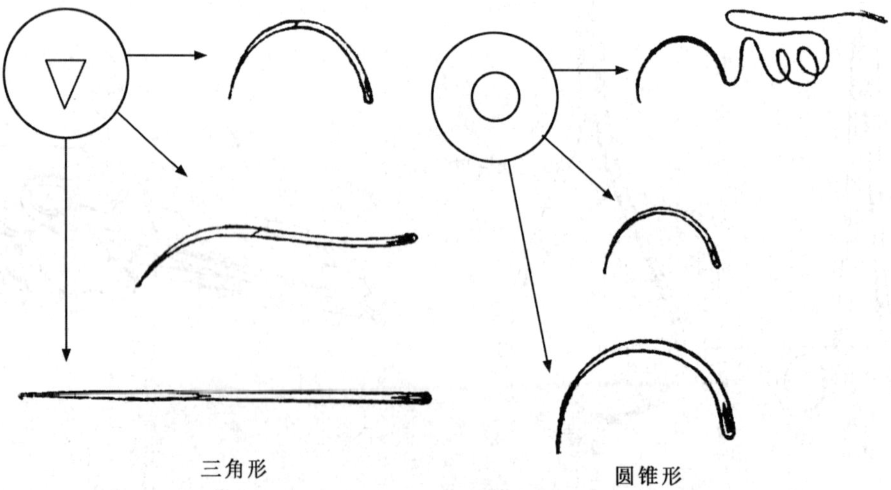

图 10-13　缝针针尖类型

缝针的针眼也有两种：一种为闭坏，缝线必须由环口穿进；另一种针眼后方有一裂开凹槽叫做弹机孔，缝线可从凹槽压入针眼内，穿线较快，但可能损坏缝线。

另外，尚有一种在制作时缝线已包在尾部的缝针，针尾较细，且为单线，穿过组织后留下孔道最小，所以称为“无损伤性缝针”，多用于血管的吻合或缝合。

七、牵开器

牵开器又称拉钩，用于牵开术部表面组织，加强深部组织的显露，以利于手术操作。根据需要有各种不同的类型，总的可以分为手持牵开器和固定牵开器两种。手持牵开器，由牵开片和机柄两部分组成，按手术部位和深度的需要，牵开片有不同的形状、长短和宽窄。目前使用较多的手持牵开器，其牵开片为平滑钩状，见图 10-14，对组织损伤较小。耙状牵开器，因容易损伤组织，现已不常使用。

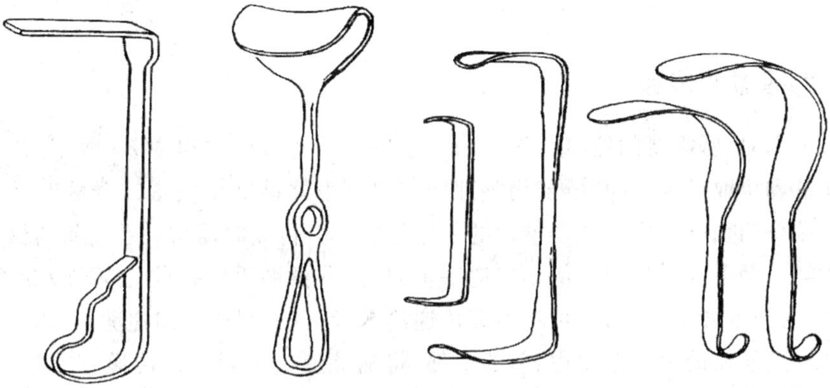

图 10-14 各种拉钩

手持牵开器的优点是，可随手术操作的需要灵活地改变牵引的部位、方向和力量。缺点是手术持续时间较久时，助手容易疲劳。

固定牵开器(图 10-15)也有不同类型，在牵开力量大、手术人员不足或显露不需要改变的手术区时使用。

使用牵开器时，拉力应均匀，不能突然用力或用力过大，以免损伤组织。必要时用纱布垫将拉钩与组织隔开，以减少不必要的损伤。

巾钳用以固定手术巾，有数种样式，普通常用的巾钳如图 10-16 所示。使用方法是连同手术巾一起夹住皮肤，防止手术巾移动，以及避免手或器械与术部接触。

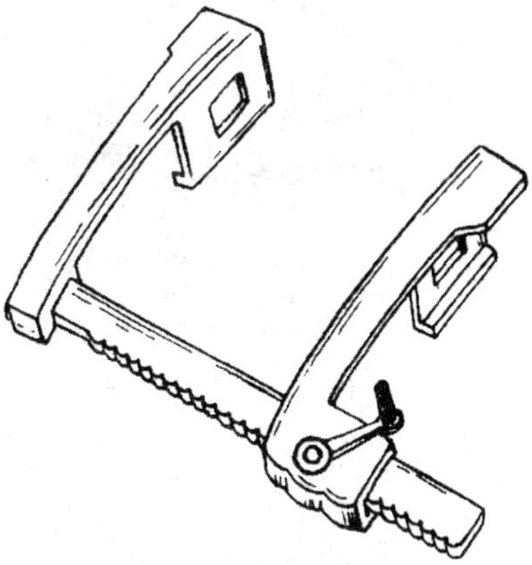

图 10-15 自行固定牵开器

肠钳(图 10-17)用于肠管手术，以阻断肠内容物的移动、溢出或肠壁出血。肠钳结构上的特点是齿槽薄，弹性好，对组织损伤小，使用时需外套乳胶管，以减少对组织的损伤。

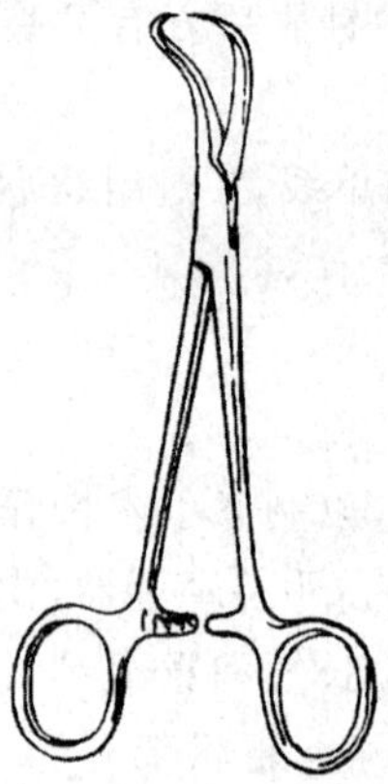

图 10-16　巾钳

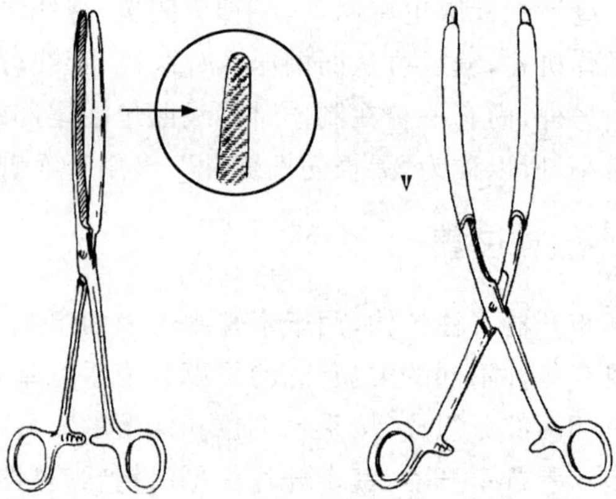

图 10-17　肠钳

八、手术器械的传递

在施行手术时，所需要的器械较多。为了避免在手术操作过程中刀、剪、缝针等器械误伤手术操作人员和争取手术时间，器械的整理和传递是由器械助手负责。器械助手在手术前应将所用的器械分门别类依次放在器械台的一定位置上。传递时器械助手需将器械之握持部递交在术者或第一助手的手掌中。例如传递手术刀时，器械助手应握住刀柄与刀片衔接处的背部，将刀柄端送至术者手中，切不可将刀刃传递给术者，以免刺伤。传递剪刀、止血钳、手术镊、肠钳、持针钳等，器械助手应握住钳、剪的中部，将柄端递给术者。在传递直针时，应先穿好缝线，拿住缝针前部递给术者，术者取针对应握住针尾部，切不可将针尖传给操作人员。见图10-18。

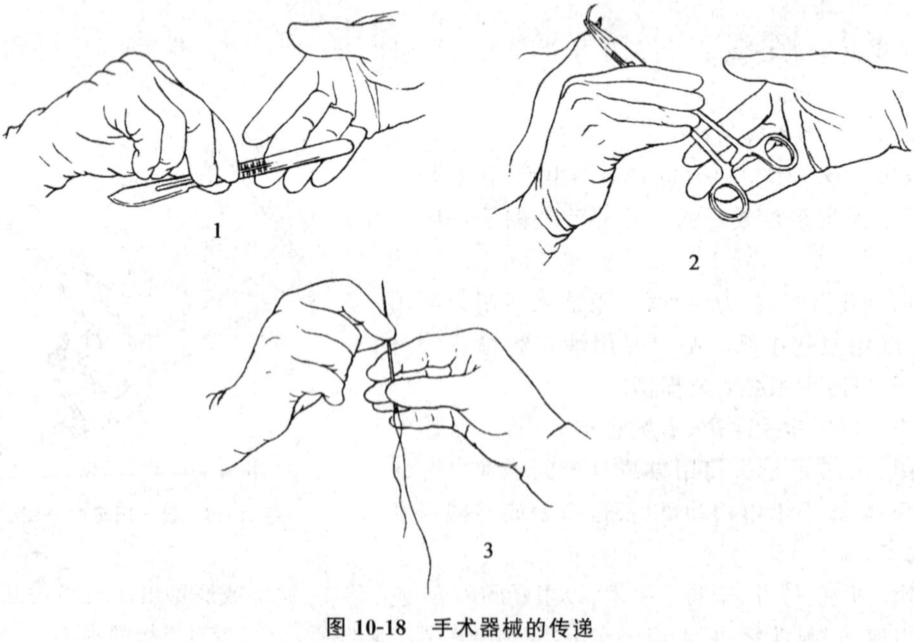

图 10-18　手术器械的传递

1. 手术刀的传递　2. 持针钳的传递　3. 直针的传递

爱护手术器械是外科工作者必备的素养之一，为此除了正确而合理的使用外，还必须十分注意爱护和保养，器械保养方法如下：

(1)利刃和精密器械要与普通器械分开存放，以免相互碰撞而损伤。

(2)使用和洗刷器械不可用力过猛或投掷。在洗刷止血钳时要特别注意洗净齿床内的凝血块和组织碎片，不允许用止血钳夹持坚、厚物品，更不允许用止血钳夹碘酊棉球等消费药棉。刀、剪、注射针头等应专物专用，以免影响锐利。

(3)手术后要及时将所用器械用清水洗净，擦干涂油、保存，不常用或库存器械要放在干燥处，放干燥剂，定期检查涂油。胶制品应晾干，敷以适量滑石粉，妥善保存。

(4)在非紧急情况，金属器械禁止用火焰灭菌。

第二节　打开手术通路

手术时，充分显露手术野，是保证手术顺利进行的先决条件，对深部手术更为重要。在良好的显露下做手术，可以清楚地看到手术区的解剖关系，不但容易操作，而且有利于保证安全。良好的显露手术野，取决于多方面的因素。选择适宜的麻醉方法，使其肌肉松弛，有利于创口拉开。选择适宜的保定体位，有利于手术野显露。因此，手术时根据切口、手术性质和操作需要，选择理想的保定方法，才能充分显露手术野。牵开应用拉钩、牵开器帮助显露切口是最常用的方法。良好的照明条件是保证手术进行的重要保证，为了增强手术野的可见度，手术照明要采用无影灯和深创照明灯，保证手术野明亮。

一、组织分离的原则

组织分离是显露深部组织进行手术操作的重要步骤，而手术切口的选择则是显露手术野的最重要步骤。表浅部位手术，切口一般可直接位于手术部位之上或其附近。深部手术的切口位置选择，不能单纯从易于显露的因素考虑，必须结合局部解剖特点选择既有利于显露，又不致造成过大损伤的径路。理想的切口须符合下列原则：

(1)切口需接近手术部位，最好能直接到达手术区，并能根据手术需要便于延长扩大。

(2)切口在体侧、颈侧以垂直于地面或斜行的切口为好，体背、颈背和腹下沿体正中线或靠近正中线的矢状线的纵行切口比较合理。

(3)切口应避免损伤大血管、神经和腺体的输出管，以免影响术部组织或器官的机能。

(4)切口应该有利于创液的排出，特别是脓汁的排出。

(5)二次手术时，应该避免在瘢痕上切开，因为瘢痕组织再生力弱，易发生弥漫性出血。

按上述原则选择切口后，在操作上需要注意下列问题：

(1)切口大小必须适当，切口过小，不能充分显露；做不必要的大切口，会损伤过多组织。

(2)切开时，需按解剖层次分层进行，并注意保持切口从外到内的大小相同。切口两侧要用无菌巾覆盖、固定，以免操作过程中把皮肤表面细菌带入切口，造成污染。

(3)切开组织必须整齐，力求一次切开。手术刀与皮肤、肌肉垂直，防止斜切或多次在同一平面上切割，造成不必要的组织损伤。

(4)切开深部筋膜时，为了预防深层血管和神经的损伤，可先切一小口，用止血钳分离张开，然后再剪开。

(5)切开肌肉时,要沿肌纤维方向用刀柄或手指分离,少作切断,以减少损伤,影响愈合。

(6)切开腹膜、胸膜时,要防止内脏损伤。

(7)切割骨组织时,先要切割分离骨膜,尽可能地保存其健康部分,以利于骨组织愈合。

在进行手术时,还需要借助拉钩帮助显露。负责牵拉的助手要随时注意手术过程,并按需要调整拉钩的位置、方向和力量。并可以利用大纱布垫将其他脏器从手术野推开,以增加显露。

二、组织分离的方法

根据组织性质的不同,组织分离法可分为软组织分离法和硬组织分离法;根据所用器械的操作方法不同,组织分离法又分为锐性分离和钝性分离。前者用刀或剪进行;后者用刀柄、止血钳或手指进行。在手术过程中,锐性分离和钝性分离常常是配合应用的。

(一)按分离器械的不同分类

1.锐性分离

用刀或剪刀进行。用刀分离时,以刀刃沿组织间隙做垂直的、轻巧的、短距离的切开。用剪刀时以剪刀尖端伸入组织间隙内,不宜过深,然后张开剪柄,分离组织,在确定没有重要的血管、神经后再予以剪断。锐性分离对组织损伤较小,术后反应也少,愈合较快。但必须熟悉解剖,在直视下辨明组织结构时进行。动作要准确、精细。

2.钝性分离

用刀柄、止血钳、剥离器或手指等进行。方法是将这些器械或手指插入组织间隙内,用适当的力量分离周围组织。这种方法最适用于正常肌肉、筋膜和良性肿瘤等的分离。钝性分离时,组织损伤较重,往往残留许多失去活性的组织细胞,因此术后组织反应较重,愈合较慢。在瘢痕较大、粘连过多或血管神经丰富的部位,不宜采用。

(二)根据组织性质不同分类

组织切开分为软组织(皮肤、筋膜、肌肉、腱)切开和硬组织(软骨、骨、角质)切开。

1.皮肤切开法

(1)紧张切开:由于皮肤的活动性比较大,切开皮肤时易造成皮肤和皮下组织切口不一致。为了防止上述现象的发生,较大的皮肤切口应由术者与助手用手在切口两旁或上、下将皮肤展开固定,或由术者用拇指及食指在切口两旁将皮肤撑紧并固定,刀刃与皮肤垂直,用力均匀地一刀切开所需长度和深度的皮肤及皮下组织切口,必要时也可补充运刀,但要避免多次切割,重复刀痕,以免切口边缘参差不齐,出现锯齿状的切口,影响创缘对合和愈合。

(2)皱襞切开:在切口的下面有大血管、大神经、分泌管和重要器官,而皮下组织较为疏松时,为了使皮肤切口位置正确且不误伤其下部组织,术者和助手应在预定切线的两侧,用手指或镊子提拉皮肤呈垂直皱襞,并进行垂直切开。

在施行手术时,皮肤切开最常用的是直线切口,既方便操作,又利于愈合。但根据手术的具体需要,也可做下列几种形状的切口。

①梭形切开:主要用于切除病理组织(如肿瘤、瘘管、放线菌病灶)和过多的皮肤。

②"Ⅱ"形或"U"形切开:多用于脑部与副鼻窦手术中的圆锯术。

③"T"形及"十"字形切开:多用于需要将深部组织充分显露和摘除时。

2.皮下组织及其他组织的分离

切开皮肤后组织的分割宜用逐层切开的方法，以便识别组织，避免或减少对大血管、大神经的损伤。只有当切开浅层脓肿时，才采用一次切开的方法。

(1)皮下疏松结缔组织的分离：皮下结缔组织内分布有许多小血管，故多用钝性分离。方法是先将组织刺破，再用手术刀柄、止血钳或手指进行剥离。

(2)筋膜和腱膜的分离：用刀在其中央做一小切口，然后用弯止血钳在此切口上、下将筋膜下组织与筋膜分开，沿分开线剪开筋膜。筋膜的切口应与皮肤切口等长。若筋膜下有神经、血管，则用手术镊将筋膜提起，用反挑式执刀法做一小孔，插入有沟探针，沿针沟外向切开。

(3)肌肉的分离：一般是沿肌纤维方向做钝性分离。方法是顺肌纤维方向用刀柄 、止血钳或手指剥离，扩大到所需要的长度(图 10-19)，但在紧急情况下，或肌肉较厚并含有大量腱质时，为了使手术通路广阔和排液方便也可横断切开。横过切口的血管可用止血钳钳夹，或用细缝线从两端结扎后，从中间将血管切断，见图 10-20。

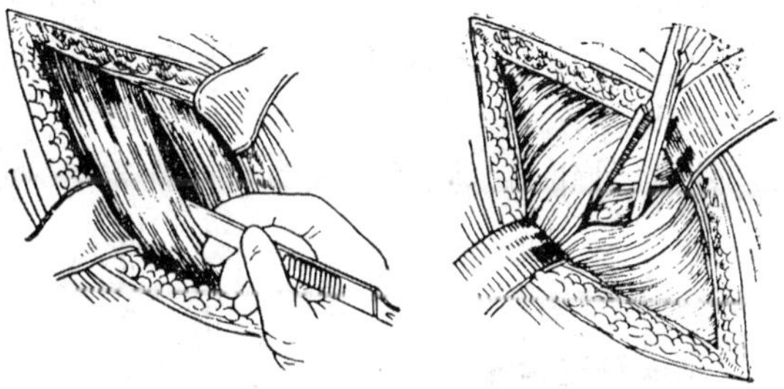

图 10-19　肌肉的钝性分离

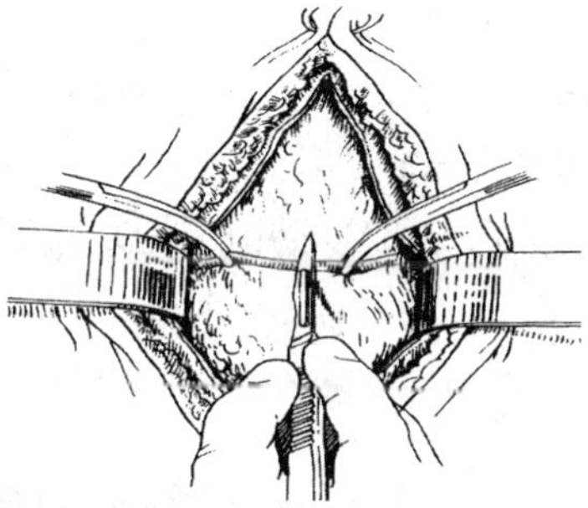

图 10-20　切断横过切口的血管

(4)腹膜的分离：腹膜切开时，为了避免伤及内脏，可用组织钳或止血钳提起腹膜做一小切口，利用食指和中指或有沟探针引导，再用手术刀或手术剪分割，见图 10 21。

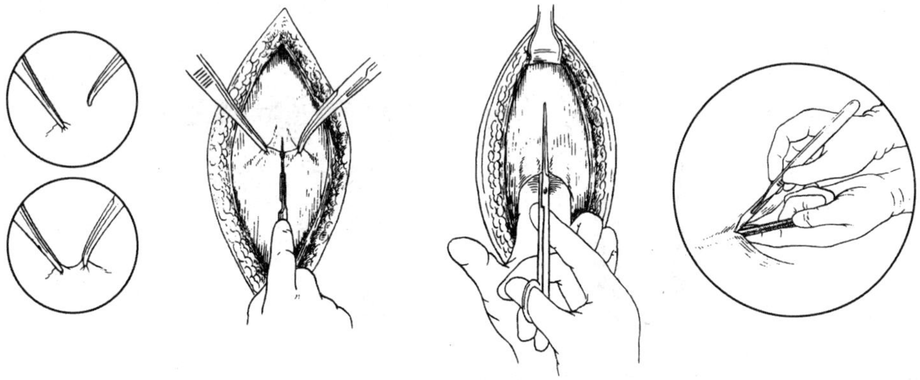

图 10-21　腹膜切开法

(5)肠管的切开：肠管侧壁切开时，一般于肠管纵带上纵行切开，并应避免损伤对侧肠管。

(6)索状组织的分离：索状组织(如精索)的分割除了可应用手术刀(剪)做锐性切割外，尚可用刮断、拧断等方法，以减少出血。

(7)良性肿瘤、放线菌病灶、囊肿及内脏粘连部分分离:宜用钝性分离。分离的方法是:对未机化的粘连可用手指或刀柄直接剥离;对已机化的致密组织,可先用手术刀切一小口,再用钝性剥离。剥离时手的主要动作应是前后方向或略施加压力于一侧,使较疏松或粘连最小部分自行分离,然后将手指伸入组织间隙,再逐步深入。在深部非直视下,手指左右大幅度的剥离动作应少用或慎用,除非确认为疏松的纤维蛋白粘连,否则易导致组织及脏器的严重撕裂或大出血。对某些不易钝性分离的组织,可将钝性分离与锐性分割结合使用,一般是用弯剪伸入组织间隙,用推剪法,即将剪尖微张,轻轻向前推进,进行剥离。

3.骨组织的分割

首先应分离骨膜,然后再分离骨组织。分离骨膜时,应尽可能完整地保存健康部分,以利于骨组织愈合。因为骨膜内层的成纤维细胞在损伤或病理情况下,可变为骨细胞参与骨骼的修复过程。

分离骨膜时,先用手术刀切开骨膜(切成"十"字形或"工"字形),然后用骨膜分离器分离骨膜。骨组织的分离一般是用骨剪或骨锯,当锯(剪)断骨组织时,不应损伤骨膜。为了防止骨的断端损伤软部组织,应使用骨锉锉平断端锐缘,并清除骨片,以免遗留在手术创内引起不良反应和愈合障碍。

分离骨组织常用的器械有圆锯、线锯、骨钻、骨凿、骨钳、骨剪、骨匙及骨膜剥离器等,见图10-22。

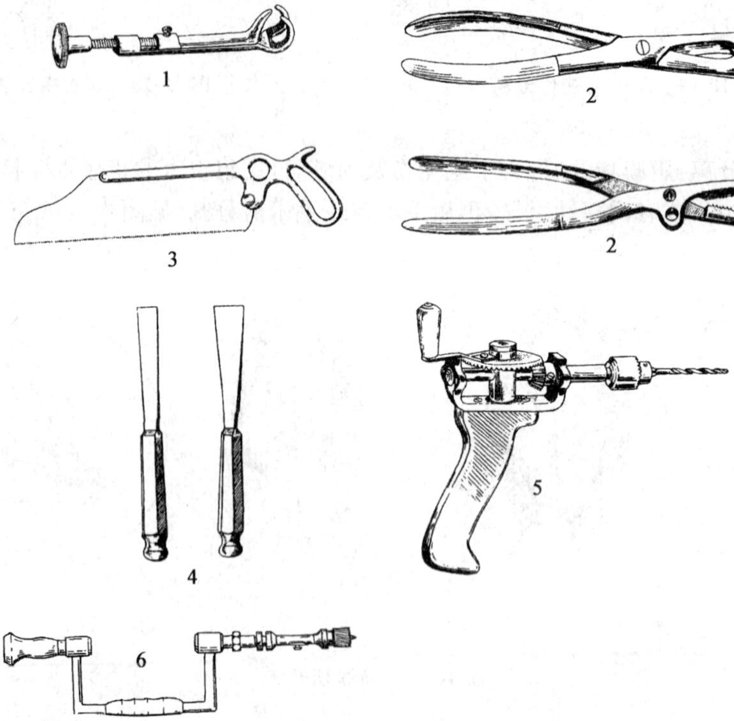

图 10-22　骨科常用手术器械

1.三爪持骨器　2.狮牙持骨钳　3.骨锯　4.骨凿　5.骨钻　6.圆锯

第三节 止 血 法

止血(hemostasis)是手术过程中自始至终经常遇到而又必须立即处理的基本操作技术。手术中完善的止血,可以预防失血的危险和保证术部良好的显露,有利于争取手术时间,避免误伤重要器官,直接关系到施术动物的健康、切口的愈合和预防并发症的发生等。因此,要求手术中的止血必须迅速而可靠,并在手术前采取积极有效的预防性止血措施,以减少手术中出血。

一、出血的种类

血液自血管中流出的现象,称为出血。在手术过程中或意外损伤血管时,即伴随着出血的发生。

(一)按照受伤血管的不同分类

1. 动脉出血

由于动脉管壁含有大量的弹力纤维,动脉压力大,血液含氧量丰富,所以动脉出血的特征为:血液鲜红,呈喷射状流出,喷射线出现规律性起伏并与心脏搏动一致。动脉出血一般自血管断端近心端流出,指压动脉管断端的近心端,则搏动性血流立即停止,反之则出血状况无改变。具有吻合支的小动脉管破裂时,近心端及远心端均能出血。大动脉的出血必须立即采取有效止血措施,否则可导致出血性休克,甚至引起动物死亡。

2. 静脉出血

血液以缓慢的速度从血管中均匀不断地泉涌状流出,颜色为暗红或紫红。一般血管远心端的出血较近心端多,指压出血静脉管的远心端,则出血停止,反之出血加剧。

静脉出血的转归不同,小静脉出血一般能自行停止,或经压迫、填塞后停止出血,但若深部大静脉受损如腔静脉、股静脉、髂静脉、门静脉等出血,则常由于迅速大量失血而引起动物死亡。体表大静脉受损,可因大失血或空气栓塞而死亡。

3. 毛细血管出血

其色泽介于动、静脉血液之间,多呈渗出性点状出血。一般可自行止血或稍加压迫即可止血。

4. 实质出血

见于实质器官、骨松质及海绵组织的损伤,为混合性出血,即血液自小动脉与小静脉内流出,血液颜色和静脉血相似。由于实质器官中含有丰富的血窦,而血管的断端又不能自行缩入组织内,因此不易形成断端的血栓,而易产生大失血威胁动物的生命,故应予以高度重视。

(二)按血管出血后血液流至的部位不同分类

1. 外出血

当组织受损后,血液由创伤或天然孔流到体外时称外出血。

2. 内出血

血管受损出血后,血液积聚在组织内或腔体中,如胸腔、腹腔、关节腔等处,称内出血。

（三）按照出血的次数和时间分类

1. 初次出血

直接发生在组织受到创伤之后。

2. 二次出血

主要发生在动脉，静脉极少发生。因为静脉内压低，血流缓慢且易形成血栓，血栓形成后一般不因为血压的关系而脱落。造成二次出血的原因一般认为有以下几点：①血管断端结扎不确实，结扎线松脱；②某种原因使血栓脱落，如血压增高、钳夹止血时钳夹的力量和时间不足、手术后过早运动而使血栓脱落；③未结扎的血管中的血栓，由于化脓或使用某些药物而溶解；④粗暴地更换敷料或填塞，将血管扯伤。

3. 重复出血

多次重复出血，可见于破溃的肿瘤。

4. 延期出血

受伤当时并未出血，经若干时间后发生出血，称之为延期出血。延期出血的原因是：①手术中使用肾上腺素，当药物作用消失后血管扩张而出血；②骨折固定不良，骨折断端锐缘刺破血管；③血管受到挫伤时，血管的内层及中层受到破坏，血液积聚在血管外膜的下面，形成血栓，当时虽未出血，但若血栓受到感染，血管壁遭受破坏则可发生延期出血；④在感染区，血管受到侵害而发生破裂。

二、常用的止血方法

（一）全身预防性止血法

全身预防性止血法是在手术前给动物注射增高血液凝固性的药物和同类型血液，借以提高机体抗出血的能力，减少手术过程中的出血。常用下列几种方法。

1. 输血

目的在于增高施术动物血液的凝固性，刺激血管运动中枢反射性地引起血管的痉挛收缩，以减少手术中的出血。在术前 30～60 min，输入同种同型血液，犬 100 mL，猪、羊 200～300 mL。

2. 注射增高血液凝固性以及血管收缩的药物

（1）肌肉注射 0.3%凝血质注射液，以促进血液凝固。

（2）肌肉注射维生素 K 注射液，以促进血液凝固，增加凝血酶原。犬、猪、羊 2～10 mg。

（3）肌肉注射安络血注射液，以增强毛细血管的收缩力，降低毛细血管渗透性。犬、猪、羊 5～10 mg。

（4）肌肉注射止血敏注射液，以增强血小板机能，降低毛细血管渗透性。犬、猪、羊 0.25～0.5 g。

（5）肌注或静注对羧基苄胺（抗血纤溶芳酸），以拮抗血纤维蛋白的溶解，抑制纤维蛋白原的激活因子，使纤维蛋白溶酶原不能转变成纤维蛋白溶解酶，从而减少纤维蛋白的溶解而发挥止血作用。对于手术中的出血及渗血、尿血、消化道出血有较好的止血效果。使用时可加葡萄糖注射液或生理盐水注射，注射时宜缓慢。犬、猪、羊 0.2～0.4 g。

(二)局部预防性止血法

1. 肾上腺素止血

应用肾上腺素做局部预防性止血常配合局部麻醉进行。一般是在每 1 000 mL 普鲁卡因溶液中加入 0.1%肾上腺素溶液 2 mL，利用肾上腺素收缩血管的作用，达到减少手术局部出血之目的，其作用可维持 20 min 至 2 h。但手术局部有炎症病灶时，因高度的酸性反应，可减弱肾上腺素的作用。此外，在肾上腺素作用消失后，小动脉管扩张，如若血管内血栓形成不牢固，可能发生二次出血。

2. 止血带止血

适用于四肢、阴茎和尾部手术。可暂时阻断血流，减少手术中的失血，有利于手术操作。用橡皮管止血带或其代用品——绳索、绷带时，局部应垫以纱布或手术巾，以防损伤软组织、血管及神经。

橡皮管止血带的装置方法是：用足够的压力(以止血带远侧端的脉搏将消失为度)，于手术部位上 1/3 处缠绕数周固定之，其保留时间不得超过 2～3 h，冬季不超过 40～60 min，在此时间内如手术尚未完成，可将止血带临时松开 10～30 s，然后重新缠扎。松开止血带时，宜用多次“松、紧、松、紧”的办法，严禁一次松开。

(三)手术过程中止血法

1. 机械止血法

(1)压迫止血：是用纱布或泡沫塑料压迫出血的部位，以清除术部的血液，辨清组织和出血径路及出血点，以便进行止血措施。在毛细血管渗血和小血管出血时，如机体凝血机能正常，压迫片刻，出血即可自行停止。为了提高压迫止血的效果，可选用温生理盐水、1%～2%麻黄素、0.1%肾上腺素、2%氯化钙溶液浸湿后扭干的纱布块做压迫止血。在止血时，必须是按压，不可擦拭，以免损伤组织或使血栓脱落。

(2)钳夹止血：利用止血钳最前端夹住血管的断端，钳夹方向应尽量与血管垂直，钳住的组织要少，切不可做大面积钳夹。

(3)钳夹扭转止血：用止血钳夹住血管断端，扭转止血钳 1～2 周，轻轻去钳，则断端闭合止血，如经钳夹扭转不能止血时，则应予以结扎，此法适用于小血管出血。

(4)钳夹结扎止血：是常用而可靠的基本止血法，多用于明显而较大血管出血的止血。其方法有单纯结扎止血和贯穿结扎止血两种。

①单纯结扎止血：用丝线绕过止血钳所夹住的血管及少量组织而结扎，见图 10-23。在结扎结扣的同时，由助手放开止血钳，于结扣收紧时即可完全放松，过早放松，血管可能脱出，过

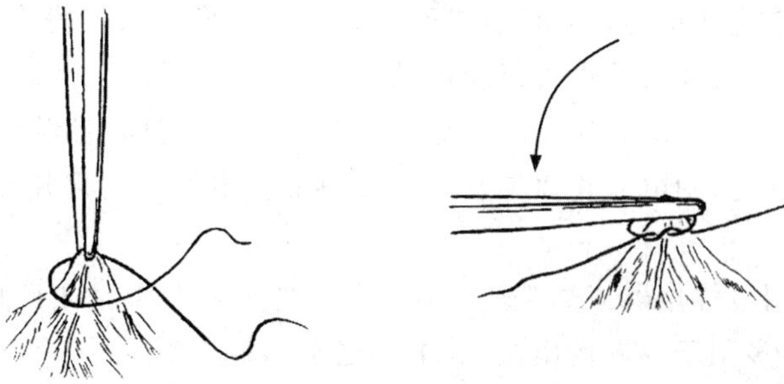

图 10-23　单纯结扎止血法

晚放松则结扎住钳头不能收紧。结扎时所用的力量也应大小适中。结扎止血法,适用于一般部位的止血。

②贯穿结扎止血:将结扎线用缝针穿过所钳夹组织(勿穿透血管)后进行结扎。常用的方法有“8”字缝合结扎及单纯贯穿结扎两种,见图10-24。

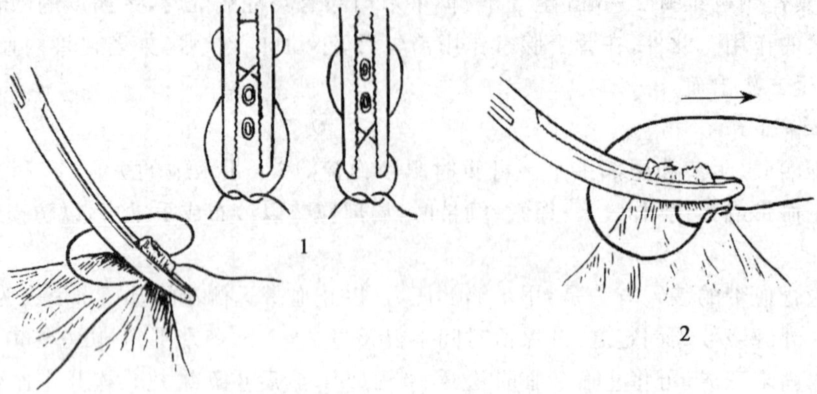

图10-24 贯穿结扎止血法

1.“8”字缝合结扎法 2.单纯贯穿结扎法

贯穿结扎止血的优点是结扎线不易脱落,适用于大血管或重要部分的止血。在不易用止血钳夹住的出血点,不可用单纯结扎止血,而宜采用贯穿结扎止血的方法。

(5)创内留钳止血:用止血钳夹住创伤深部血管断端,并将止血钳留在创伤内24～48 h。为了防止止血钳移动,可把用绷带固定止血钳的柄环部拴在动物的体躯上。

(6)填塞止血:本法是在深部大血管出血,一时找不到血管断端,钳夹或结扎止血困难时,而用灭菌纱布紧塞于出血的创腔或解剖腔内,压迫血管断端以达到止血之目的。在填入纱布时,必须将创腔填满,以便有足够的压力压迫血管断端。填塞止血留置的敷料通常是在12～48 h后取出。

2.电凝及烧烙止血法

(1)电凝止血:利用高频电流凝固组织的作用达到止血目的。使用方法是用止血钳夹住血管断端,向上轻轻提起,擦干血液,将电凝器与止血钳接触,待局部发烟即可。电凝时间不宜过长,否则烧伤范围过大,影响切口愈合。在空腔脏器、大血管附近及皮肤等处不可用电凝止血,以免组织坏死,发生并发症。

电凝止血的优点是止血迅速,不留线结于组织内,但止血效果不完全可靠,凝固的组织易于脱落而再次出血,所以对较大的血管仍应以结扎止血为宜,以免发生继发性出血。

使用电凝止血时,止血钳除和所夹的出血点接触外,不应与周围组织接触。在使用挥发性麻醉剂(如乙醚)做麻醉时,用电凝止血易发生爆炸事故。电凝止血多用于较表浅的小出血点或不易结扎的渗血。

(2)烧烙止血:是用电烧烙器或烙铁烧烙作用使血管断端收缩封闭而止血。其缺点是损伤组织较多,兽医临诊上多用于弥漫性出血、羔羊断尾术和某些摘除手术后的止血。使用烧烙止血时,应将电阻丝或烙铁烧得微红,才能达到止血的目的,但也不宜过热,以免组织炭化过多,使血管断端不能牢固堵塞。烧烙时,烙铁在出血处稍加按压后即迅速移开,否则组织黏附在烙铁上，当烙铁移开时会将组织扯离。

3.局部化学及生物学止血法

(1)麻黄素、肾上腺素止血：用1%～2%麻黄素溶液或0.1%肾上腺素溶液浸湿的纱布进行压迫止血(见压迫止血)。临床上也常用上述药品浸湿系有棉线绳的棉包做鼻出血、拔牙后齿槽出血的填塞止血，待止血后拉出棉包。

(2)止血明胶海绵止血：明胶海绵止血多用于一般方法难以止血的创面出血，实质器官、骨松质及海绵质出血。使用时将止血海绵铺在出血面上或填塞在出血的伤口内，即能达到止血的目的。如果在填塞后加以组织缝合，更能发挥优良的止血效果。止血明胶海绵的种类很多，如纤维蛋白海绵、氧化纤维素、白明胶海绵及淀粉海绵等。它们止血的基本原理是促进血液凝固和提供凝血时所需要的支架结构。止血海绵能被组织吸收和使受伤血管日后保持贯通。

(3)活组织填塞止血：是用自体组织如网膜填塞于出血部位。通常用于实质器官的止血，如肝脏损伤用网膜填塞止血，或用取自腹部切口的带蒂腹膜、筋膜和肌肉瓣，牢固地缝合损伤的肝脏上。

(4)骨蜡止血：实验中常用市售骨蜡制止骨质渗血，用于骨的手术和断角术。

三、激光和高频电刀的使用方法

(一)激光手术刀的应用及注意事项

激光光点处巨大的能量和很高的温度不仅能切开皮肤、脂肪、肌肉、筋膜、软骨、骨组织，而且能封闭凝结切口的小血管，使手术视野清楚、干净，组织的切缘锐利平整，对周围的组织破坏很少。

(1)二氧化碳激光手术器导光系统的聚焦筒像外科医生手术刀柄一样，沿着预定的需要切割部位移动，光束就会切开组织。只要正确掌握焦点和适当的移动速度，切开皮肤和黏膜均很顺利，在激光束之外的地方，不会引起任何破坏作用。但不正确掌握焦距，离开焦点的切割则可引起组织烧伤或炭化，影响切口愈合。

(2)由于激光聚焦后的光点温度很高，组织吸收激光后将发生热效应，所以使用激光手术刀施术时忌用易燃易爆的挥发性麻醉剂，以防燃烧和爆炸事故。

(3)激光束聚焦后的光点是很锋利的“刀刃”，但激光束毕竟还是一种光，当创面或器官表面如遇出血或附着黏液时，就会阻碍进一步照射。另外，聚焦镜若被易烧灼的组织溅射所污染，同样会影响“刀刃”的锋利。

(4)应用激光手术刀施术时，切口周围应用生理盐水纱布或棉片加以保护，因为白色物不易吸收激光，水分又可以有效地散热，这种措施既简单易行，又有利于提高手术效果。

(5)由于激光最易伤害眼睛，所以施术人员应戴上带有边罩的防护眼镜，手术室内应有足够的照明设备，以防施术人员瞳孔散大而受到激光刺激。手术室的四壁或工作台等应具有较粗糙的表面和较深的颜色，以减少反射或散射激光的能力，增强激光的吸收。

(二)高频电刀的使用方法及注意事项

高频电刀能够切割组织和凝固小血管。通过高频电的热作用切割组织和产生微凝固组织蛋白作用。

(1)电极选择：切割组织选择针电极，刀刃锐利。凝血作用选择小球形电极。

(2)仪器必须有良好的接地装置。

(3)切割组织:应用针电极,在切割点上几毫米,由电火花达到组织,保持垂直于组织。一个组织面在切割时一次性通过,避免多次重复切割。高频电刀只能用于切割浅表组织,不能做深层组织切割,因为深层组织切割时,电极易造成周围组织损伤。皮肤、筋膜应用高频电极切割时比较容易,而脂肪组织、皮下组织最好选择手术刀分离。肌肉组织切割避免应用低频电流,因为切割时容易产生肌肉收缩,出现不规则的切口。

(4)凝固血管:应用小球形电极,直接触及小血管断端或直接触及钳夹的血管断端。大于1 mm 直径的血管应该结扎,电凝效果不佳。

(5)高频电刀操作时,一定使电极接触组织面积最小,触及组织后,立即离开。延长凝固时间会增大组织破坏直径,增加术后感染的机会。操作时,必须做好对周围组织的保护,减少周围组织的损伤。血液和等渗电解质溶液能传播电极的输出,组织面不需要干燥,而需要适宜的湿度,应该使用湿润海绵保持创面的温度。

第四节 打 结 法

打结是止血和缝合手术操作中最常用和重要的基本技术之一。打结操作的熟练程度以及结扎是否牢靠,可直接影响手术的速度和成败。因此,为缩短手术时间,巩固手术的效果,必须熟练掌握打结技术。

一、线结的种类

线结的种类很多,在外科手术操作中所用的结扣必须牢靠,并且不致自行松解或脱落。常用的有平结(方结)、外科结和三叠结,见图 10-25。

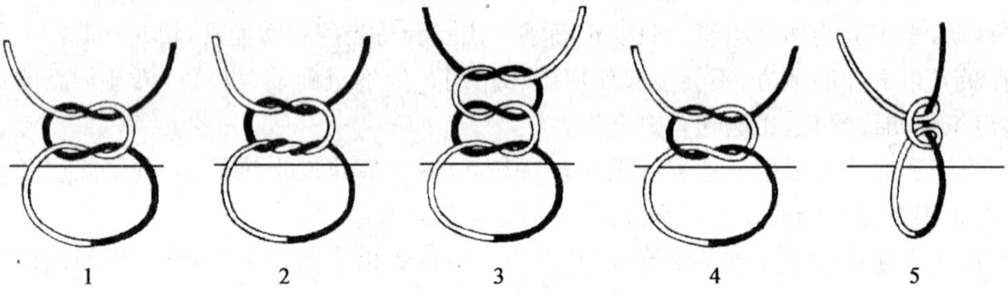

图 10-25 各种线结

1. 方结 2. 外科结 3. 三叠结 4. 假结(斜结) 5. 滑结

1. 方结

方结又称平结。是手术中最常用的一种,用于结扎较小的血管和各种缝合时的打结,不易滑脱。

2. 三叠结

三叠结又称加强结。是在方结的基础上再加一个结,共 3 个结。较牢固,结扎后即使松脱一道也无妨,但遗留于组织中的结扎线较多。三叠结常用于有张力部位的缝合,大血管和肠线的结扎。

3. 外科结

打第 1 个结时绕两次,使摩擦面增大,故打第 2 个结时不易滑脱和松动。此结牢固可靠,多用于大血管、张力较大的组织和皮肤缝合。

4.假结(斜结)

此结易松脱。

5.滑结

打方结时,两手用力不均,只拉紧一根线,虽则两手交叉打结,结果仍形成滑结,而非方结,亦易滑脱,应尽量避免发生。

二、打结的方法

平结的打结法有单手打结法、双手打结法和器械打结法 3 种。

1.单手打结法

一般由于右手握持针钳或缝线,用左手打结较为方便而顺手。单手打结,速度快用线较省,但如用力不均,易打成滑结,见图 10-26。

2.双手打结法

适用于张力较大和深部组织的结扎,结扣可靠。但所需缝线较长,速度较慢,见图 10-27。

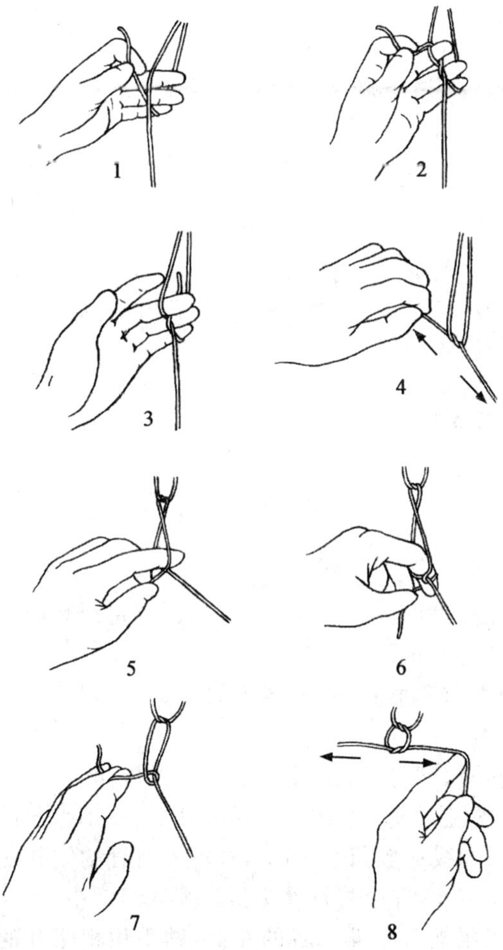

图 10-26 左手单手打结

(1~8 为打结操作顺序)

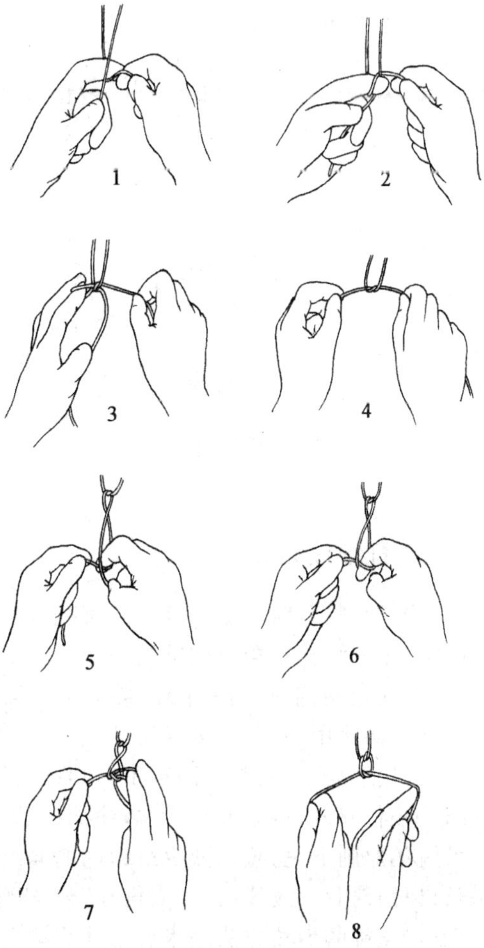

图 10-27 双手打结

(1~8 为打结操作顺序)

3. 器械打结法

一般使用止血钳缠绕打结。适用于线头过短或深部组织的结扎。但结扣不紧容易滑脱。方法是把持针钳或止血钳放在缝线的较长端与结扎物之间，用长线头端缝线环绕血管钳一圈后，再打结即可完成第 1 结。打第 2 结时用相反方向环绕持针钳一圈后拉紧，成为方结，见图 10-28。

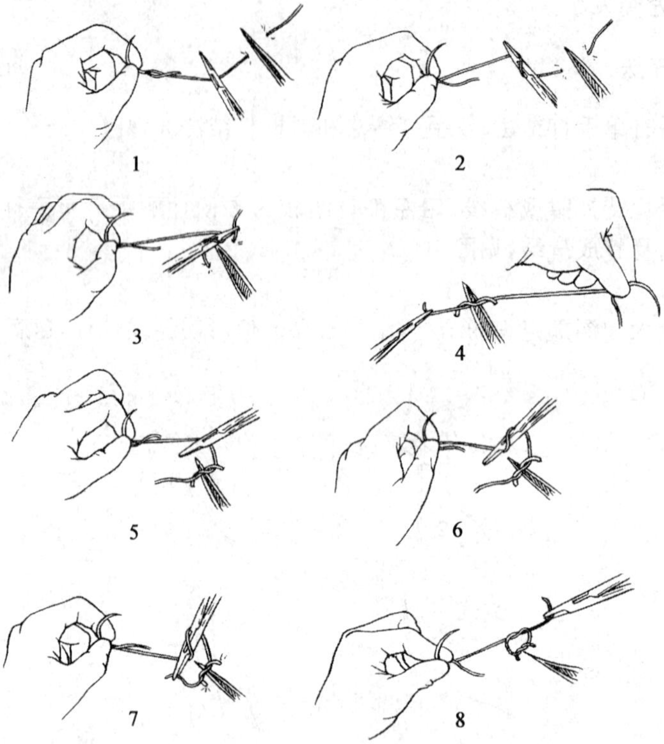

图 10-28　器械打结法

（1～8 为打结操作顺序）

三、打结注意事项

(1)打结收紧时要求三点成一直线，即左、右手的用力点与结扎点成一直线，不可成角向上提起，否则使结扎点撕脱或结松脱。

(2)无论用何种方法打结，第 1 结和第 2 结的方向不能相同，即两手需交叉，否则即成假结。如果两手用力不均，可成滑结。

(3)用力均匀，两手的距离不宜离线太远，特别是深部打结时，最好用两手食指伸到结旁，以指尖顶住双线，两手握住线端，徐徐拉紧，否则易松脱。埋在组织内的结扎线头，在不引起结扎松脱的原则下，剪短以减少组织内的异物。丝线、棉线一般留 3～5 mm，较大血管的结扎应略长，以防滑脱。肠线留 4～6 mm，不锈钢丝 5～10 mm，并应将钢丝头扭转埋入组织中。

(4)正确的剪线方法是术者结扎完毕后，将双线尾提起略偏术者的左侧，助手用稍张开的剪刀尖沿着拉直的结扎线滑至结扣处，再将剪刀稍向上倾斜，然后剪断，倾斜的角度取决于要留线头的长短。如此操作比较迅速准确。

第五节　缝　合　法

缝合(sutures)是将已切开、切断或因外伤而分离的组织、器官进行对合或重建其通道，保证良好愈合的基本操作技术。在愈合能力正常的情况下，愈合是否完善与缝合的方法及操作技术有一定的关系。

一、缝合的基本原则

缝合的目的是为手术或外伤性损伤而分离的组织或器官予以安静的环境，给组织的再生和愈合创造良好条件；保护无菌创免受感染；加速肉芽创的愈合；促进止血和创面对合以防哆开。因此，缝合时要遵守下列各项原则：

(1)严格遵守无菌操作。

(2)缝合前必须彻底止血，清除凝血块、异物及无生机的组织。

(3)为了使创缘均匀接近，在两针孔之间要有相当距离，以防拉穿组织。

(4)缝针刺入和穿出部位应彼此相对，针距相等，否则易使创伤形成皱襞和裂隙。

(5)凡无菌手术创或非污染的新鲜创经外科常规处理后，可做对合密闭缝合。具有化脓腐败过程以及具有深创囊的创伤可不缝合，必要时做部分缝合。

(6)在组织缝合时，一般是同层组织相缝合，除非特殊需要，不允许把不同类的组织缝合在一起。缝合、打结应有利于创伤愈合，如打结时既要适当收紧，又要防止拉穿组织，缝合时不宜过紧，否则将造成组织缺血。

(7)创缘、创壁应互相均匀对合，皮肤创缘不得内翻，创伤深部不应留有死腔、积血和积液。在条件允许时，可做多层缝合。正确与不正确的缝合见图 10-29。

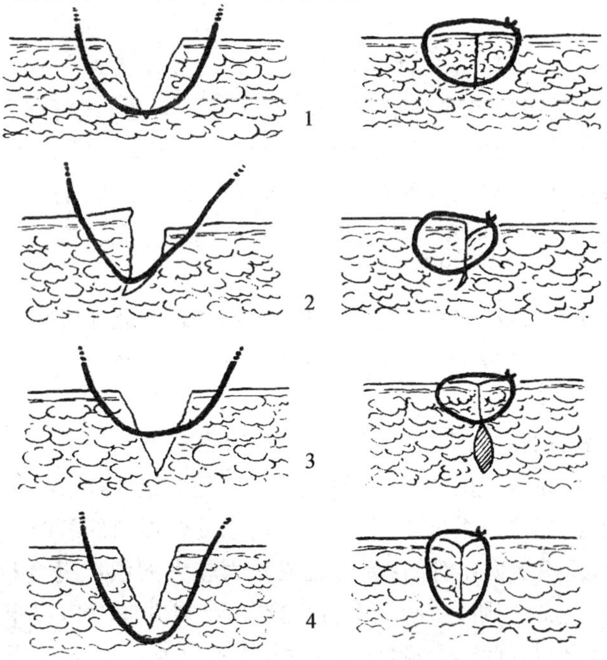

图 10-29　正确与不正确的切口缝合

1.正确缝合　2.两皮肤创缘不在同一平面，边缘错位　3.缝合太浅　4.缝合太紧，皮肤内陷

(8)缝合的创伤,若在手术后出现感染症状,应迅速拆除部分缝线,以便排出创液。

二、缝合材料

缝线缝合材料是用于闭合组织和结扎血管。动物实验外科手术所应用的缝合材料种类很多。选择适宜的缝合材料是很重要的,选择缝线应根据缝线的生物学和物理学特性、创伤局部的状态以及各种组织创伤的愈合速度来决定。

(一)理想的缝合材料

完全理想的缝合材料目前是没有的,但是当前所使用的缝合材料,各自都具有其本身的优良特性。理想的缝合材料应该在活组织内具有足够的缝合创伤的张力强度;对组织刺激性很小;应该是非电解质、非毛细管性质、非变态反应和非致癌物质;打结应该确实,不易滑脱;容易灭菌,灭菌时不变性,不受腐蚀;无毒性,不能隐藏细菌,使其生长繁殖;理想的可吸收缝线应该在创伤愈合后 30～60 d 内吸收,被包埋的缝线没有术后并发症。

(二)缝合材料分类

缝合材料按照在动物体内吸收的情况分为吸收性缝合材料和非吸收性缝合材料。缝合材料在动物体内 60 d 内发生变性,其张力强度很快丧失的为吸收性缝合材料。缝合材料在动物体内 60 d 以后仍然保持其张力强度的为非吸收性缝合材料。缝合材料按照其材料来源分为天然缝合材料和人造缝合材料。

1.天然吸收性缝合材料

肠线(surgical gut)是由羊肠黏膜下组织或牛的小肠浆膜组织制成,主要为结缔组织和少量弹力纤维。肠线经过铬盐处理,减少被胶原吸收的液体,因此肠线张力强度增加,变性速度减少。所以,铬制肠线吸收时间延长,减少了软组织对肠线的反应性。

2.人造吸收性缝合材料

聚乙醇酸缝线(polyglycolic acid,PGA)是一种非成胶质人造吸收性缝线,是羟基乙酸的聚合物。聚乙醇酸缝线的吸收方式是脂酶作用,被水解而吸收,试管内试验观察,聚乙醇酸水解产物是有效的抗菌物质。吸收过程、炎症反应很轻微。在碱性环境中水解作用很快,试管内观察,在尿液里过早被吸收。聚乙醇酸缝线完全吸收为 100～120 d。

聚乙醇酸缝线适用于清净创和感染创缝合。不应缝合愈合较慢的组织(韧带、腱),因为该缝线张力强度丧失较快。

聚乙醇酸缝线的缺点:该缝线穿过组织时摩擦系数高,因此通过组织费力、缓慢,能切断脆弱组织。在使用前要浸湿,以减少摩擦系数。该缝线打结不确实,打结时,每道结要注意拉紧,打三叠结,防止松脱。

3.天然非吸收性缝合材料

(1)丝线(silk):丝线是蚕茧的连续性蛋白质纤维,是传统的、广泛应用的非吸收性缝线。

丝线有型号编制,使用时应根据不同的型号,用于缝合不同的组织。粗线为 7～9 号,抗张力为 26.46～44.1 N,适用于大血管结扎、筋膜或张力较大的组织缝合;中等线为 3～4 号,抗张力为 16.17 N,适用于皮肤、肌肉、肌腱等组织缝合;细线 0～1 号,抗张力为 8.82 N,适用于皮下、胃肠道组织的缝合;最细线为 000～0000 号,抗张力为 4.9 N,适用于血管、神经缝合。

丝线刺激组织可产生炎症反应,因为丝线具有较大固着 γ 球蛋白的能力,最后导致产生一种急性炎症反应。

丝线的灭菌：高压蒸汽灭菌一般要求条件是 6.67×10^{5} Pa 20 min。煮沸灭菌对丝线影响较小，但重复煮沸或时间过长，会使丝线膨胀，拉力减弱。

丝线的优点：价廉，应用广泛；容易消毒；纺织丝线张力强度高，操作使用方便，打结确实。

丝线的缺点：缝合空隙器官时，如果丝线露出腔内，易产生溃疡。缝合膀胱、胆囊时，易形成结石。因此，丝线不能用于空腔器官的黏膜层缝合。不能缝合被污染或感染的创伤。

(2)不锈钢丝(stainless steel)：金属缝线已使用几个世纪。现在使用的不锈钢丝是唯一被广泛接受的金属缝线。适用于制作不锈钢丝的材料是铬镍不锈钢。有单丝和多丝不锈钢丝。

不锈钢丝生物学特性为惰性，植入组织内不引起炎症反应。在组织内，能保持其张力强度，适用于愈合缓慢组织、筋膜、肌腱缝合，皮肤减张缝合。该缝线操作困难，特别是打结困难，打结的锐利断端能刺激组织，引起局部组织坏死。特别对于易活动的组织，打结断端要细致处理。缝合张力大的组织，应垫橡皮管，以防钢丝割裂皮肤。

(3)尼龙(nylon)缝线：尼龙是由六次甲基二胺和脂肪酸制成。尼龙缝线分为单丝和多丝两种。其生物学特性为惰性，植入组织内对组织反应很小。张力强度较强。单丝尼龙缝线无毛细管现象，在污染的组织内感染率较低。单丝尼龙缝线可用于血管缝合，多丝尼龙缝线适用于皮肤缝合。但是不能用于浆膜腔和滑膜腔缝合，因为埋植的锐利断端能引起局部摩擦刺激而产生炎症或坏死。其缺点是操作使用较困难，打结不确实，要打三叠结。

(4)组织黏合剂(tissue adhesives)：最广泛使用的组织黏合剂是腈基丙烯酸酯(cyanoacrylate)。腈基丙烯酸酯的单分子由聚合作用从液态而转化为固态。这一转化过程是在组织表面存在少量水分子起催化作用而进行的。根据涂抹厚度和湿度不同，其凝结时间不同，一般凝结时间为 2～60 s。组织黏合剂用于实验性和临床实践上的口腔手术、肠管吻合术。

(三)缝合材料的选择

缝合材料的选择要根据缝合材料的生物学、物理学和兽医临床需要情况来决定。虽然一般没有理想缝合材料，但选择缝合材料应遵循下列原则：

(1)缝合材料张力强度丧失应该和该缝合组织获得张力强度相适应。皮肤张力强，愈合慢，缝合材料强度要求较强，植入组织内，要求其强度时间较长。非吸收性缝线适用于皮肤缝合。胃、肠组织脆弱，愈合快，要求缝线强度较小，植入组织内保持张力强度在 14～21 d，使用吸收性缝线适用于这些组织。

(2)缝线的生物学作用能改变创伤愈合过程。缝线的物理和化学性质，影响缝合组织抵抗创伤感染的能力。同样的缝合材料，单丝缝线耐受污染创比多丝缝线好。人造缝线抵抗创伤感染能力比天然缝线好。聚乙醇酸缝线、单丝尼龙缝线等用于污染组织，感染率很低。膀胱、胆囊的缝合，应用丝线易形成结石。

(3)缝线机械特性应该与该缝合的组织特性相适应。聚丙烯缝线和尼龙缝线最适用缝合具有伸延性的组织，如皮肤；而肠线和聚乙醇酸缝线适用于较脆弱组织，如肠管、子宫等。

(4)不同的组织使用不同的缝合材料。皮肤缝合使用丝线、尼龙缝线等非吸收性缝线。皮下组织使用人造可吸收性缝线最适宜的。筋膜缝合，腹壁和许多其他部位的筋膜张力强度较大，愈合慢，需要缝线强度较强，应用中等尼龙缝线等非吸收性缝线较适宜。对张力较小部位的筋膜，可以应用人造可吸收性缝线。肌肉缝合使用人造可吸收性或非吸收性缝性。

三、缝合的种类

应用于动物组织的缝合模式很多，缝合模式的分类应该根据下列条件：①缝合器官、组织的解剖学特征。②缝合的方式使组织获得对接、内翻或外翻。③缝合的方式要求能够抵消不同器官、组织的张力强度。④缝合的类型一般实行间断缝合或连续缝合。

当前外科手术的基本技术将组织缝合模式分为4个方面。

（一）对接缝合

1.单纯间断缝合法

单纯间断缝合也称为结节缝合，是最古老、最常用的缝合方式。缝合时，将缝针引入15～25 cm缝线，于创缘一侧垂直刺入，于对侧相应的部位穿出打结。每缝一针，打一次结，见图10-30。缝合要求创缘要密切对合。缝线距创缘距离，根据缝合的皮肤厚度来决定，小动物3～5 mm，大动物0.8～1.2 cm。缝线间距要根据创缘张力来决定，使创缘彼此对合，一般间距0.5～1.5 cm。打结在切口一侧，防止压迫切口。用于皮肤、皮下组织、筋膜、黏膜、血管、神经、胃肠道缝合。

优点：操作容易，迅速。在愈合过程中，即使个别缝线断裂，其他邻近缝线不受影响，不致整个创面裂开。能够根据创缘的张力调整每个缝线张力。如果创口有感染可能，可将少数缝线拆除排液。对切口创缘血液循环影响较小，有利于创伤的愈合。

缺点：需要较多时间，使用缝线较多。

2.单纯连续缝合法

单纯连续缝合是用一条长的缝线自始至终连续地缝合一个创口，最后打结。第一针和打结操作同结节缝合，以后每缝一针以前对合创缘，避免创口形成皱褶，使用同一缝线以等距离缝合，拉紧缝线，最后留下线尾，在一侧打结，见图10-31。常用于具有弹性、无太大张力的较长创口。用于皮肤、皮下组织、筋膜、血管、胃肠道缝合。

优点：节省缝线和时间，密闭性好。

缺点：一处断裂，全部缝线拉脱，创口哆开。

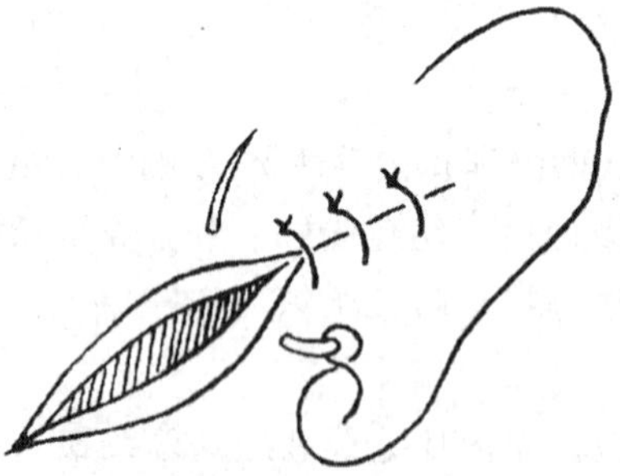

图10-30　单纯间断缝合法

图10-31　单纯连续缝合法

3.表皮下缝合法

这种缝合如图10-32所示，适用于小动物表皮下缝合。缝合在切口一端开始，缝针刺入真皮下，再翻转缝针刺入另一侧真皮，在组织深处打结。应用连续水平褥式缝合平行切口。最后缝针翻转刺向对侧真皮下打结，埋置在深部组织内。 般选择可吸收性缝合材料。

优点：能消除普通缝合针孔的小瘢痕。操作快，节省缝线。

缺点：具有连续缝合的缺点。这种缝合方法张力强度较差。

4. 压挤缝合法

压挤缝合用于肠管吻合的单层间断缝合。犬猫肠管吻合的临床观察认为，该法是很好的吻合缝合法，也用于大动物的肠管吻合。

压挤缝合法如图 10-33 所示。缝针刺入浆膜、肌层、黏膜下层和黏膜层进入肠腔。在越过切口前，从肠腔再刺入黏膜层从对侧进入肠腔。在对侧从黏膜层、黏膜下层、肌层到浆膜刺出肠表面。两端缝线拉紧、打结。这种缝合是浆膜、肌层相对接；黏膜、黏膜下层内翻。这种缝合是肠组织本身组织的相互压挤，可以很好地防止液体泄漏，使肠管吻合密切对接，保持正常的肠腔容积。

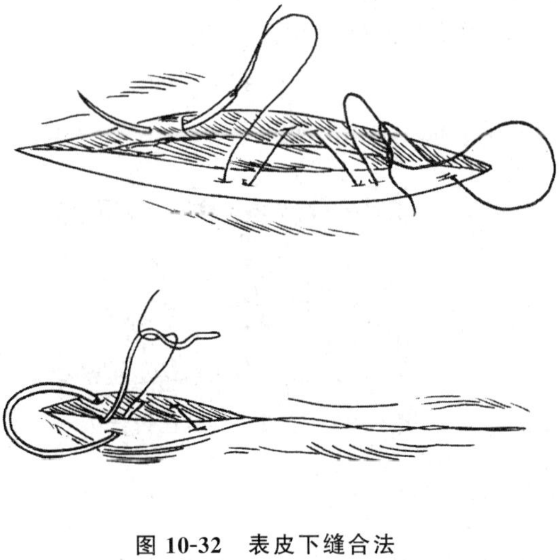

图 10-32 表皮下缝合法

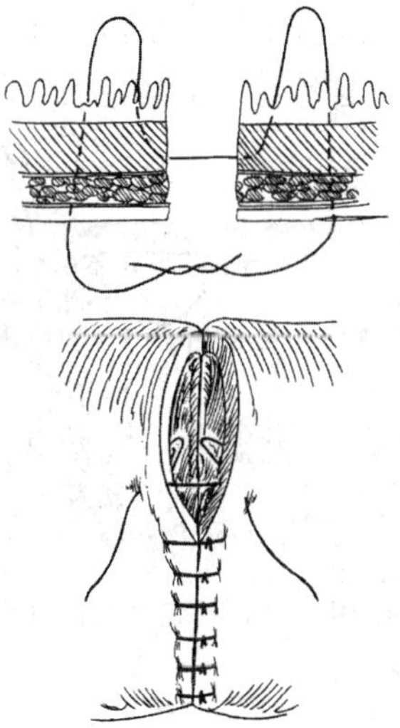

图 10-33 挤压缝合法

5. 十字缝合法

这种缝合法如图 10-34 所示。第 1 针开始，缝针从一侧到另一侧做结节缝合，第 2 针平行第 1 针从一侧到另一侧穿过切口，缝线的两端在切口上交叉形成"十"字形，拉紧打结。用于张力较大的皮肤缝合。

6. 连续锁边缝合法

这种缝合方法与单纯连续缝合基本相似。在缝合时每次将缝线交锁，见图 10-35。此种缝合能使创缘对合良好，并使每一针缝线在进行下一次缝合前就得以固定。多用于皮肤直线形切口及薄而活动性较大的部位缝合。

(二) 内翻缝合

1. 伦勃特(Lermbert)氏缝合法

伦勃特氏缝合法是胃肠手术的传统缝合方法，又称垂直褥式内翻缝合法。分为间断与连续两种，常用的为间断伦勃特氏缝合法。在胃肠或肠吻合时，用以缝合浆膜肌层。

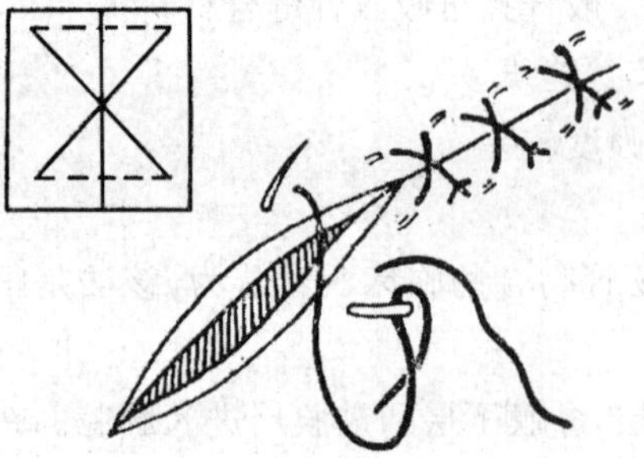

图 10-34　十字("8" 字形)缝合法

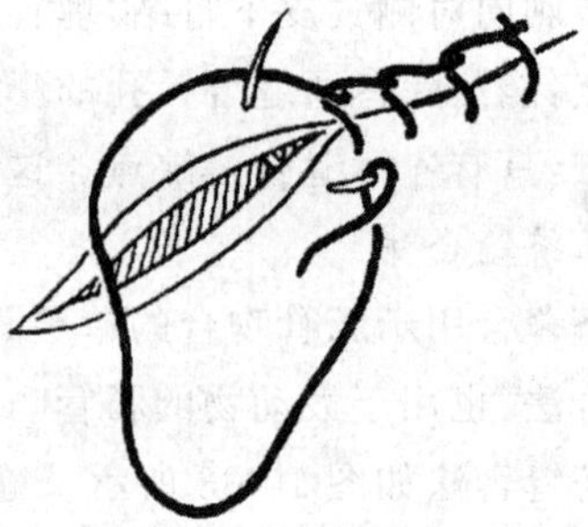

图 10-35　连续锁边缝合法

(1)间断伦勃特氏缝合法:缝线分别穿过切口两侧浆膜及肌层即行打结,使部分浆膜内翻对合,用于胃肠道的外层缝合(图 10-36)。

(2)连续伦勃特氏缝合法:于切口一端开始,先做一浆膜肌层间断内翻缝合,再用同一缝线做浆膜肌层连续缝合至切口另一端,见图 10-37。其用途与间断内翻缝合相同。

图 10-36　间断伦勃特氏缝合法

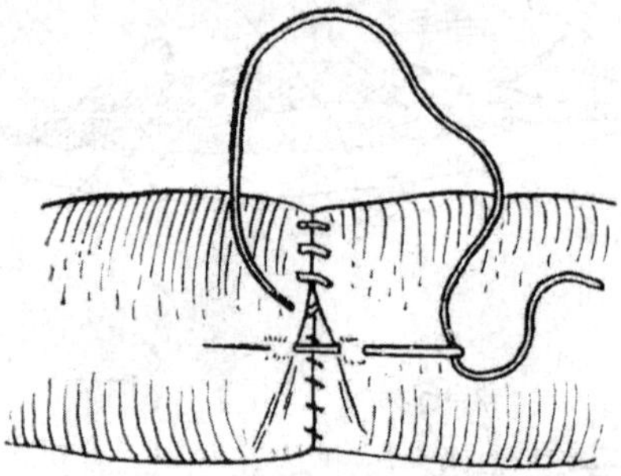

图 10-37　连续伦勃特氏缝合法

2.库兴(Cushing)氏缝合法

又称连续水平褥式内翻缝合法,这种缝合法是从伦勃特氏连续缝合法演变来的。缝合方法是于切口一端开始先做一浆膜肌层间断内翻缝合,再用同一缝线平行于切口做浆膜肌层连续缝合至切口另一端,见图 10-38。适用于胃、子宫浆膜肌层缝合。

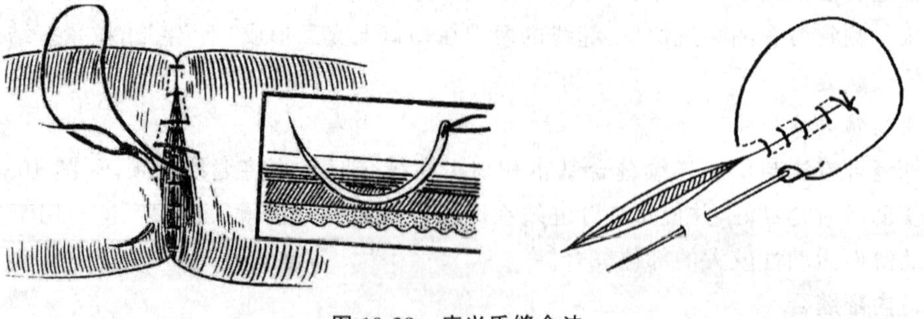

图 10-38　库兴氏缝合法

3. 康乃尔(Connel)氏缝合法

这种缝合法与连续水平褥式内翻缝合相同，仅在缝合时缝针要贯穿全层组织，当将缝线拉紧时，则肠管切面即翻向肠腔，见图 10-39。多用于胃、肠、子宫壁缝合。

4. 荷包缝合法

即做环状的浆膜肌层连续缝合。主要用于胃、肠壁上小范围的内翻缝合，如缝合小的胃、肠穿孔。此外还用于胃、肠、膀胱等引流固定的缝合，见图 10-40。

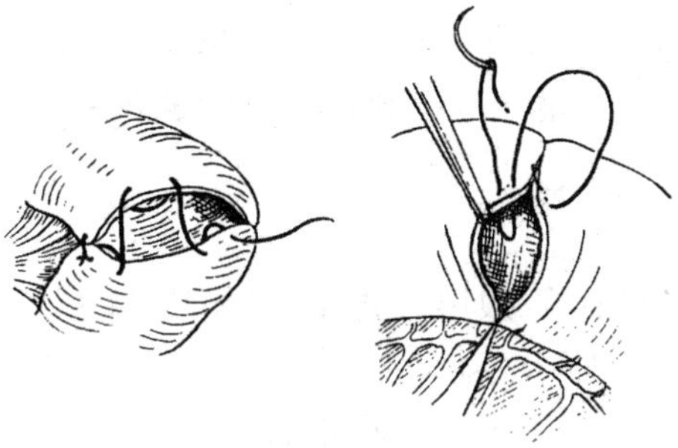

图 10-39　康乃尔氏缝合法

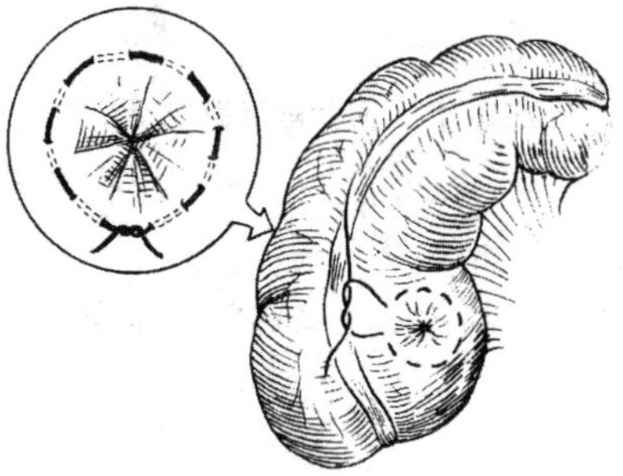

图 10-40　荷包缝合法

(三)外翻缝合

外翻缝合适用于血管的缝合和吻合，以及张力大的皮肤缝合。缝合后，切口边缘向外翻出，内面光滑。

1. 间断垂直褥式缝合法

这种缝合见图 10-41。间断垂直褥式缝合是一种张力缝合。针刺入皮肤，距离创缘约 8 mm，创缘相互对合，越过切口到相应对侧刺出皮肤。然后缝针翻转在同侧距切口约 4 mm 处刺入皮肤，越过切口到相应对侧距切口约 4 mm 处刺出皮肤，另一端缝线打结。该缝合要求缝针刺入皮肤时，只能刺入真皮下，接近切口的两侧刺入点要求接近切口，这样皮肤创缘对合良好，不能外翻。缝线间距为 5 mm。

优点：该缝合方法比水平褥式缝合具有较强的抗张力强度。对创缘的血液供应影响较小。

缺点：缝合时，需要较多时间和较多的缝线。

2. 间断水平褥式缝合法

这种缝合如图 10-42 所示。间断水平褥式缝合是一种张力缝合，特别适用于马、牛和犬的皮肤缝合。针刺入皮肤，距创缘 2～3 mm，创缘相互对合，越过切口到对侧相应部位刺出皮肤，然后缝线与切口平行向前约 8 mm，再刺入皮肤，越过切口到相应对侧刺出皮肤，与另一端缝线打结。该缝合要求缝针刺入皮肤时刺在真皮下，不能刺入皮下组织，这样皮肤创缘对合才能良好，不出现外翻，见图 10-43。根据缝合组织的张力，每个水平褥式缝合间距为 4 mm。

优点：使用缝线节省，操作速度较快。该缝合具有一定抗张力条件，对于张力较大的皮肤，可在缝线上放置胶管或纽扣，增加抗张力强度。

缺点：该缝合方法对初学者操作较困难。根据水平褥式缝合的几何图形，该缝合能减少创缘的血液供应。

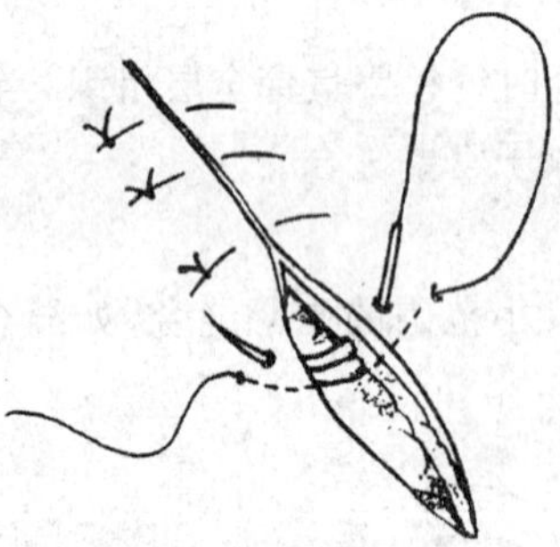

图 10-41 间断垂直褥式缝合法

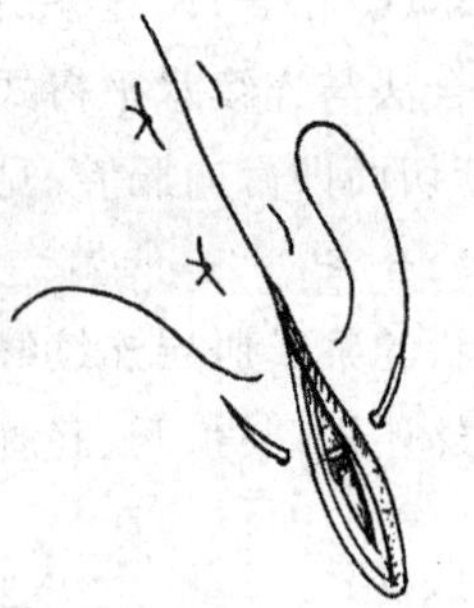

图 10-42 间断水平褥式缝合法

3. 连续外翻缝合法

连续外翻缝合法又称“弓”字形外翻缝合。常用于血管、腹膜的缝合，见图 10-44。

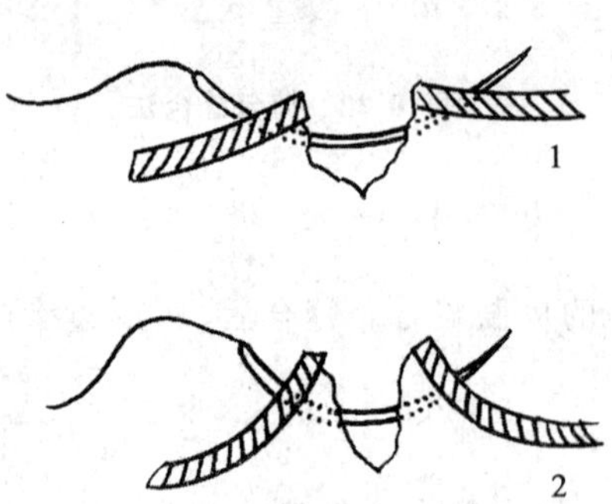

图 10-43 水平褥式缝合的位置

1. 正确缝合位置 2. 不正确缝合位置

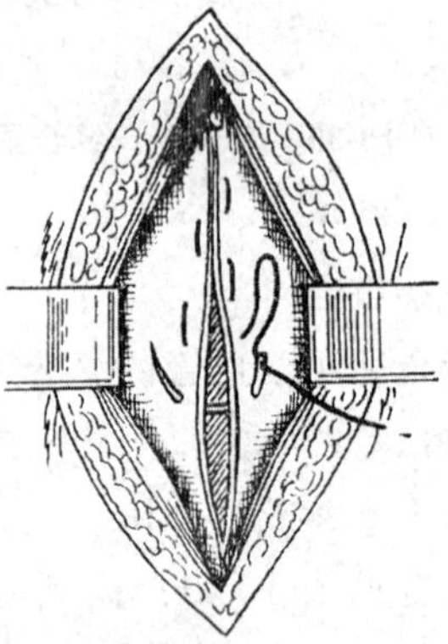

图 10-44 连续外翻缝合法

(四)减张缝合

1. 圆枕减张缝合法

当切口组织张力很大时，需应用减张缝合。在结节缝合的基础上，用较粗的缝线，距离切口两侧较远较深地刺入与刺出，一般相隔 2～4 cm 缝合一针。如果在缝线的线套内装上纱布卷或胶管而后结扣，此叫做圆枕减张缝合，见图 10-45。

2. 近远-远近缝合法

这种缝合如图 10-46 所示。第 1 针接近创缘垂直刺入皮肤，越过创底，到对侧距切口较远处垂直刺出皮肤。翻转缝针，越过创口到第 1 针刺入侧，距创缘较远处，垂直刺入皮肤，越过创底，到对则距创缘近处垂直刺出皮肤，与第 1 针缝线末端拉紧打结。

优点：该缝合方法创缘对合良好，具有一定抗张力强度。

缺点：切口处有双重缝线，需要缝线数量较多。

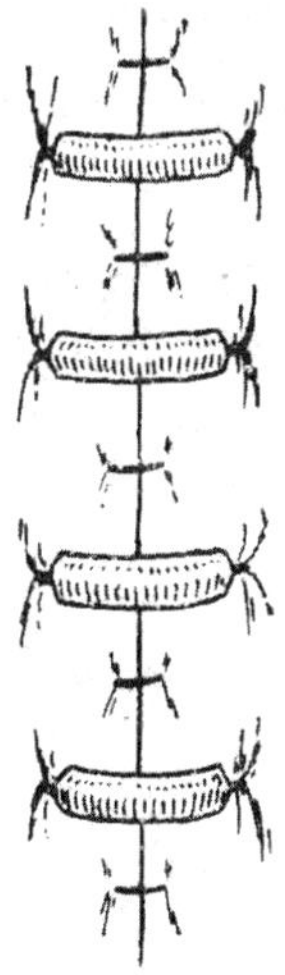

图 10-45　圆枕减张缝合法

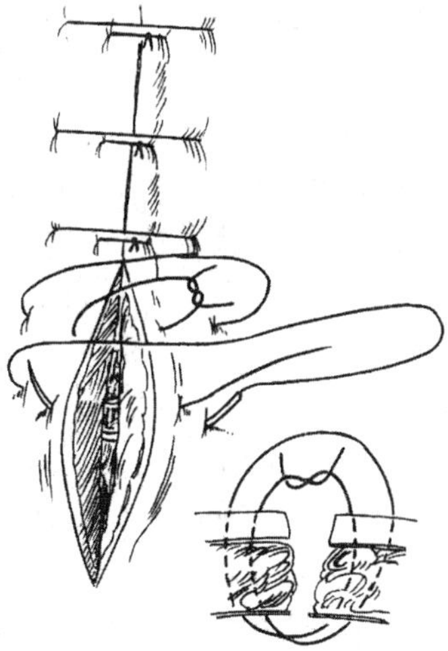

图 10-46　近远-远近缝合法

四、各种组织的缝合技术

(一)皮肤的缝合

缝合前创缘必须对好，缝线要在同一深度将两侧皮下组织拉拢，以免皮下组织内遗留空隙，滞留血液或渗出液易引起感染。两侧针眼离创缘 1～2 cm，距离要相等。皮肤缝合采用间断缝合，缝合应在创缘侧面打结，打结不能过紧。皮肤缝合完结后，必须再次将创缘对好。

(二)皮下组织的缝合

缝合时要使创缘两侧皮下组织相互接触，一定要消除组织的空隙。使用可吸收性缝线，打结应埋置在组织内。

(三)筋膜的缝合

筋膜缝合应根据其张力强度选用不同的方法。筋膜的切口应该与张力线平行，而不能垂直于张力线。所以，筋膜缝合时，要垂直于张力线，使用间断缝合。大量筋膜切除或缺损时，缝合时使用垂直褥式或近远-远近等张力缝合法。

(四)肌肉的缝合

肌肉缝合要求将纵行纤维紧密连接，瘢痕组织生成后，不能影响肌肉收缩功能。缝合时，应用结节缝合分别缝合各层肌肉。小动物手术时，肌肉一般是纵行分离而不切断，因此肌肉组织经手术细微整复合，可不需要缝合。对于横断肌肉，因其张力大，应该在麻醉或使用肌松剂的情况下连同筋膜一起缝合，进行结节缝合或水平褥式缝合。

(五)腹膜的缝合

犬的腹膜具有特殊性质，缝合时可以考虑单层腹膜缝合。腹膜缝合必须完全闭合，不能使网膜或肠管漏出或钳闭在缝合切口处。

(六)血管的缝合

血管缝合或吻合的关键，必须将血管边缘外翻，使血管内膜与内膜相贴，保持内壁的光滑，以免血管内壁粗糙或因皱褶而形成血栓。缝合的基本方式是水平钮孔状间断外翻缝合。

血管对端缝合时，用无损伤血管钳置于两断端，暂时阻断血流。用锐利小剪刀修整两断端，并将血管外膜除去一小段（约 0.5 cm）。断端修整后，对合两断端，用细丝线在左右两侧先作一定牵引缝合，而后用生理盐水冲洗管腔内血凝块，为防止血液凝固，可在生理盐水内加入少许肝素或枸橼酸钠溶液。冲净后，作水平褥式间断外翻缝合。

（七）神经的缝合

神经缝合应具备的条件：操作要轻柔；缝合愈早，功能恢复的希望愈大。创口清净，神经断裂面整齐是缝合效果良好的有利条件。创口感染，有严重的关节僵直，肌肉重度萎缩，神经缺损过大，缝合张力无法解除时不能进行神经缝合。

1. 端端缝合

用以修复神经干完全断裂。对新鲜损伤，经清创后，用利刃修切神经干两断端使断面整齐，然后在神经两端的内外侧各缝一针，作为固定牵引线，按 2～3 mm 的针距，2 mm 左右的边距用细丝线做结节或单纯连续缝合。前侧缝合完毕后，调换固定缝线，使神经翻转 180°以同法缝合后侧。缝合后，神经置于健康肌肉或皮下组织内覆盖。

2. 部分端端缝合

用于修复部分断裂的神经干，对新鲜的神经部分切割断面整齐者，可直接做结节缝合。反之，用利刃切除损伤部分，再行部分端端缝合。

对晚期神经部分断裂伤，应将神经充分显露并游离出来，在健康与损伤的交界处，纵切神经外膜，仔细地分开损伤与正常的神经束，切除神经纤维瘤或疤痕组织，将两断端对合后做结节缝合。缝合时要消除部分张力，以免断端接触不良妨碍神经再生。

（八）腱的缝合

腱的断端应紧密连接，如果末端间有裂缝被结缔组织填补，将影响腱的功能。操作要轻柔，不能使腱的末端受到挫伤而引起坏死。缝与周围组织粘连，会妨碍腱愈合后的运动。因此，腱的缝合要求腱鞘要保留或重建；腱、腱鞘和皮肤缝合部位，不要相互重叠，以减少腱与周围组织的粘连，手术必须在无菌操作下进行。腱的缝合使用白奈尔氏（Bunnell）缝合，缝线放置在腱组织内，保持腱的滑动机能。腱鞘缝合使用结节缝合和非吸收性缝合材料，特别使用特制的细钢丝缝合。肢体固定是非常重要的，至少要进行肢体固定 3 周，使缝合的腱组织不能有任何张力。

（九）空腔器官缝合

空腔器官（胃、肠、子宫、膀胱）缝合，根据空腔器官的生理解剖学和组织学特点，缝合时要求良好的密闭性，防止内容物泄漏；保持空腔器官的正常解剖组织学结构和蠕动收缩机能。因此，对于不同动物和不同器官，缝合要求是不同的。

1. 犬、猫胃缝合

胃内具有高浓度的酸性内容物和消化酶。缝合时要求良好的密闭性，防止污染，缝线要保持一定的张力强度，因为术后动物呕吐或胃扩张对切口产生较强压力；术后胃腔容积减少，对动物影响不大。因此，胃缝合第 1 层连续全层缝合或连续水平褥式内翻缝合。第 2 层缝合在第 1 层上面，采用浆肌层间断或连续垂直褥式内翻缝合。

2. 小肠缝合

小肠血液供应好，肌肉层发达，其解剖特点是低压力导管，而不是蓄水囊。内容物是液态的，细菌含量少。小肠缝合后 3～4 h，纤维蛋白覆盖密封在缝线上，产生良好的密闭条件，术后肠内容物泄漏发生机会较少。由于小肠肠腔较小，缝合时要特别注意防止造成肠腔狭窄。

马的小肠缝合可以使用内翻缝合，但是要避免较多组织内翻引起肠腔狭窄。小动物（犬、猫）的小肠缝合使用单层对接缝合，肠管外用网膜覆盖，并用 2 针可吸收缝线将网膜与肠系膜固定在一起。压挤缝合法能达到良好对接，不易发生泄漏、狭窄和感染。缝合切口愈合快，有少量纤维结缔组织沉积，反应轻微，愈合后瘢痕较小，肠腔直径变化很小。

3. 大肠缝合

大肠内容物呈固态，细菌含量多。大肠缝合并发症是内容物泄漏和感染。内翻缝合是唯一安全的方法。内翻缝合部位血管受到压迫，血流阻断，术后 3 d 黏膜水肿、坏死，5 d 内翻组织脱落。黏膜下层、肌层和浆膜保持接合强度。术后 14 d 左右瘢痕形成，炎症反应消失。

4. 子宫缝合

剖腹取胎术实行子宫缝合有其特殊的意义，因为子宫缝合不良会导致动物不孕，术后出血和腹腔内粘连。

子宫缝合前，应该在子宫切口边缘上，用肠线全层连续压迫缝合，其目的是为了止血。因为子宫内膜很松散地附着肌层上，大的内膜下静脉不能自然止血。因此，需要在子宫缝合前对子宫切口边缘做连续压迫缝合，然后应用双层内翻缝合。

空腔器官缝合的缝合材料选择至关重要，应该选择可吸收性缝合材料，常使用聚乙醇酸缝线，具有一定张力强度，有特定的吸收速率，不易受蛋白水解酶或感染影响，操作方便。但是不宜暴露到膀胱和尿道内。铬制肠线也常用于胃、肠道手术，但是不能暴露到胃、肠道内，否则易受到胃、肠酶的作用很快丧失张力强度。丝线常用于空腔器官缝合，操作方便，打结确实，但是易发生感染，因此应该注意无菌技术。丝线用于膀胱和胆囊结合时，不要暴露到膀胱和胆囊内，以防诱发结石形成。

犬、猫空腔器官缝合时，要求使用小规格缝线，因为大规格缝线通过组织时，对组织损伤严重。

空腔器官缝合时，最好使用无损伤性缝针、圆体针，以减少组织损伤。

（十）实质器官缝合

实质器官包括肝、肾、脾等组织。由于不同的器官组织解剖结构不同，其缝合方法是不同的。脾脏组织非常脆弱，如果脾脏损伤时，不能缝合，只有实行脾脏摘除术。肝脏的缝合分为两种情况：浅表裂创，创面无活动性出血，可用 1～0 号肠线做结节缝合修补，每针相距 1～1.5 cm；较深裂创，可做褥式缝合。

肝组织小范围缺损，可在创面填塞带蒂大网膜后，再以 1～0 号肠线做创口两侧贯穿缝合，缝线先穿过大网膜，后穿过肝实质。肝组织完全断裂，创面有活动性出血，应该先结扎出血点，将血管从创面钝性分离，结扎。然后以 1～0 号肠线平行创缘做一排褥式缝合，再在上述褥式缝合外方，以 1～0 号肠线做两侧贯穿缝合，使创口对合。

肾组织切开后，对小的出血点，压迫止血即可，然后用手指将两瓣切开肾组织紧密对合，轻轻压迫，内纤维蛋白胶接起来，不需要肾组织褥式缝合，只需要连续缝合肾脏被膜，称为无缝合肾切开闭合性。

五、组织缝合注意事项

（1）目前，外科临床中所用的缝线（可吸收或不吸收的）对机体来讲均为异物，因此在缝合过程中要尽可能地减少缝线的用量。

(2)缝线在缝合后的张力与缝合的密度(即针数)成正比,缝合时要使每针所加于组织的张力相近似,以便均匀地分担组织张力。缝合时不可过紧或过松,过紧易引起组织缺氧,过松引起对合不良,以致影响组织愈合。

(3)连续缝合虽然有使力量分布均匀、抗张力较间断缝合强的优点,但一处断裂则全部缝线松脱,伤口裂开。

(4)组织应按层次进行缝合,较大的创伤要由深而浅逐层缝合,以免影响愈合或裂开。而小的伤口,一般只做单层缝合,但缝线必须通过各层组织,缝合时应使缝针与组织呈直角刺入,拔针时要按针的弧度和方向拔出。

(5)根据腔性器官的生理解剖和组织学特点,缝合时应注意以下问题:缝合时应尽量采用小针、细线,缝合组织要少,除第一道做单纯冻结缝合外,对于肠管,第 2 道一般讲不宜做一周性的连续缝合,以免形成一个缺乏弹性的瘢痕环,收缩后发生狭窄,影响功能;腔性器官缝合的基本原则是使切开的浆膜向腔体内翻,浆膜面相对。

六、拆线

一般仅拆除皮肤缝线,而埋没在深部组织内的缝线则不拆除(化脓时例外)。拆线时间不能机械地规定,主要根据切口部位、组织张力大小、局部血液供应情况、愈合状况等而定。一般如切口愈合良好,术后 8～12 d 即可拆线。头部、面部及体躯上部切口,由于张力小愈合较快,可适当提前拆线。腹下、四肢等张力较大的部位,切口皮肤拆线时间可适当延长到 10～14 d。拆线过早有再度裂开的危险,过迟也容易引起缝线感染。如有减张缝合,应于术后 3～5 d 拆除。但创伤已化脓或创缘已被缝线撕断不起缝合作用时,可根据创伤治疗需要随时拆除部分或全部缝线。拆线方法见图 10-47。

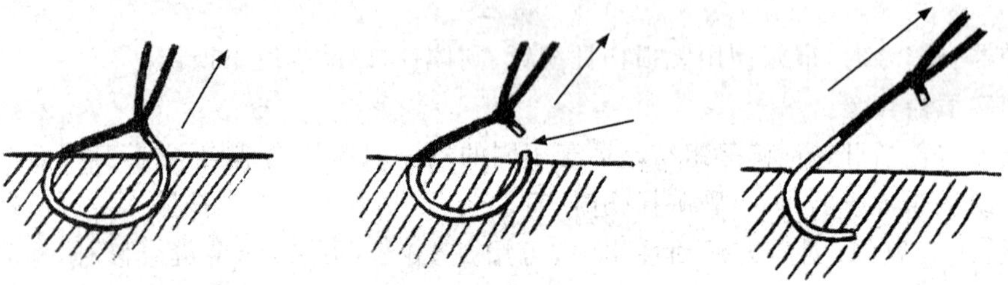

图 10-47　拆线法

拆线步骤:①用碘酊消毒创口、缝线及创口周围皮肤后,将线结用镊子轻轻提起,剪刀插入线结下,紧贴针眼将线剪断。②拉出缝线。拉线方向应向拆线的一侧,动作要轻巧,如强行对侧硬拉,则可能将伤口拉开。③再次用碘酊消毒创口及周围皮肤。

第六节　引　　流

一、适应症

(一)引流用于治疗的适应症

(1)皮肤和皮下组织切口严重污染,经过清创处理后,仍不能控制感染时,在切口内放置引流物，使切口内渗出液排出，以免蓄留发生感染，一般需要引流 24～72 h。

(2)脓种切开排脓后，放置引流物，可使继续形成的脓液或分泌物不断排出，使脓腔逐渐缩小而治愈。

(二)引流用于预防的适应症

(1)切口内渗血，未能彻底控制，有继续渗血可能，尤其有形成残腔可能时，在切口内放置引流物，可排除渗血、渗液，以免形成血肿、积液或继发感染。一般需要引流 24～48 h。

(2)愈合缓慢的创伤。

(3)手术或吻合部位有内容物漏出的可能。

(4)胆囊、胆管、输尿管等器官手术，有漏出刺激性物质的可能。

二、引流的种类

1. 纱布条引流

应用防腐灭菌的干纱布条涂布软膏，放置在腔内，排出腔内液体。纱布条引流在几小时内吸附创液饱和，创液和血凝块沉积在纱布条上，阻止进一步引流，应及时更换。

2. 胶管引流

应用薄壁乳胶管，管腔直径 0.635～2.45 cm。在插入创腔前用剪刀将引流管剪成小孔。引流管小孔能引流其周围的创液。这种引流管对组织无刺激作用，在组织内不变质，对组织引流的反应很小。应用这种引流能减少术后血液、创液的蓄留。

三、引流的应用

创伤缝合时，引流管插入创内深部，创口缝合，引流的外部一端缝到皮肤上。在创内深处一端，由缝线固定。引流管不要由原来切口处通出，而要在其下方单独切开一个小口通出引流管。引流管要每天清洗，以减少发生感染的机会。引流管在创内时间放置越长，引流引起感染的机会增多，如果认为引流已经失去引流作用时，应及时取出。引流管本身是异物，放置在创内，易诱发产生创液。

四、引流的护理

应该在无菌状态下引流，引流出口尽可能向下，有利排液。出口下部皮肤涂以软膏，防止创液、脓汁等腐蚀、浸渍被毛和皮肤。每天应该更换引流管或纱布，如果引流排出量较多，更换次数要多些。因为引流管的外部已被污染，不应该直接由引流管外部向创内冲洗，否则引流管外部细菌和异物会进入创内。要控制住动物，防止引流被舐、咬或拉出创伤。

五、引流的缺点

引流管或纱布插入组织内，能引起组织损伤。引流物本身是动物体内的异物，能损伤其附近的腱鞘、神经、血管或其他脆弱器官。如果引流管或纱布放置时间太长，或放置不当，易腐蚀某些器官的浆膜表面。引流的通道与外界相通，在引流的周围，有发生感染的可能。在引流插入部位上有发生创口哆开或疝形成的可能。引流的应用，虽然有很多适应症，但是不应该代替手术操作的充分排液、扩创、彻底止血和良好的缝合。

六、引流注意事项

(1)使用引流的类型和大小一定要适宜。选择引流类型和大小应该根据适应症、引流管性能和创流排除量来决定。

(2)放置引流的位置要正确。一般脓腔和体腔内引流出口尽可能放在低位。不要直接压迫血管、神经和脏器,防止发生出血、麻痹或瘘管等并发症。手术切口内引流应放在创腔的最低位。体腔内引流最好不要经过手术切口引出体外,以免发生感染。应在其手术切口一侧另造一小创口通出。切口的大小要与引流管的粗细相适宜。

(3)引流管要妥善固定。不论深部或浅部引流,都需要在体外固定,防止滑脱、落入体腔或创伤内。

(4)引流管必须保持畅通。注意不要压迫、扭曲引流管。引流管不要被血凝块、坏死组织堵塞。

(5)引流要详细记录。引流取出时,除根据不同引流适应症外,主要根据引流出液体的数量来决定。引流流出液体减少时,应该及时取出。所以放置引流后要每天检查和记录引流情况。

第十一章　包　扎　法

第一节　概　　述

包扎法（bandaging）是利用敷料、卷轴绷带、复绷带、夹板绷带、支架绷带及石膏绷带等材料包扎止血，保护创面，防治自我损伤，吸收创液，限制活动，使创伤保持安静，促进受伤组织的愈合。

一、包扎的作用

包扎大多数是通过物理作用来实现其治疗之目的，主要作用有以下几种：

（1）保护作用。防止微生物及其他异物侵入伤口，避免外界因素的刺激，保持外用药物等。

（2）压迫作用。用以压迫患部，制止出血、渗血、创面肉芽组织过度生长、疝内容物脱出等。

（3）减张作用。利用包扎的紧缩作用，以减少创伤部位的组织张力。对不便缝合的创伤，它能使创缘接近；对缝合的创伤，可避免组织撕裂或缝线绷断。

（4）吸收作用。利用包扎内层的吸水性敷料吸收创伤分泌物。

（5）保持或增进患部温度，旺盛血液循环，加速炎症的消退或伤口的愈合。

（6）固定作用。用以保持患部安静，在某种情况下尚有一定的支撑作用。如骨折、肌腱断裂、关节脱位等，在局部整复后，应用包扎加以固定。

二、包扎的类型

根据敷料、绷带性质及其不同用法，包扎有以下几类：

1. 干绷带法

又称干敷法。是临床上最常用的包扎法。凡敷料不与其下层组织粘连的均可用此法包扎。本法有利于减轻局部肿胀，吸收创液，保持创缘对合，提供干净的环境，促进愈合。

2. 湿敷法

对于严重感染、脓汁多和组织水肿的创伤，可用湿敷法。此法有助于除去创内湿性组织坏死，降低分泌物黏性、促进引流等。根据局部炎症的性质，可采用冷、热敷包扎。

3. 生物学敷法

指皮肤移植。将健康的动物皮肤移植到缺损处，消除创面，加速愈合，减少瘢痕的形成。

4. 硬绷带法

指使用夹板和石膏绷带等。这类绷带可限制动物活动，减轻疼痛，降低创伤应激，缓解缝线张力，防止创口裂开和术后肿胀等。根据绷带使用的目的，通常有各种命名。如局部加压借以阻断或减轻出血及制止淋巴液渗出，预防水肿和创面肉芽过剩为目的而使用的绷带，称为压迫绷带；为防止微生物侵入伤口和避免外界刺激而使用的绷带，称为创伤绷带；当骨折或脱臼时，为固定肢体或体躯某部，以减少或制止肌肉和关节不必要的活动而使用的绷带，称为制动绷带等。

三、包扎材料

(一)柔软物质

柔软物质既能减轻绷带的压迫作用又能作为衬垫加强绷带对某种病理突出部的压迫。柔软物质须具有通气性，以免妨碍皮肤的排泄功能；同时具有吸水性，以吸收正常或病变部的分泌物并使之蒸发。

1. 棉花

分为未脱脂及脱脂棉花两种。

未脱脂棉花：吸水性差。仅用于保温及减少压迫等，不能用于创面。

脱脂棉花：又名创伤棉花。为氢氧化钾煮沸、脱脂而成。用以吸收创伤分泌物、止血等。

2. 棉纱

亦有粗制及脱脂两种。后者较脱脂棉吸水性更强，常做成以下形式应用。

棉纱条：将脱脂棉纱剪成不同大小的棉纱条，并把毛边折在内层而成。用于深创及创口或创道狭窄创伤的引流。

棉纱球：折成球状或中间包一脱脂棉花球。用其清洁皮肤、清拭创面、涂抹胶黏物等。

创伤敷料：又称多层压布。依据应用目的，将脱脂纱剪成相应的小块并折叠成大小相当的四边形，毛边需叠在内层。将其直接覆盖于伤口，用以敷药、压迫止血、吸收创伤分泌物等。

3. 木棉

由碎木制成，可使之脱脂，做吸水性物质或绷带的衬垫。对分泌旺盛的创伤以此被覆最为适宜。另外，尚有植物纤维棉花，其吸湿性能良好，在野战外科上应用广泛。

4. 麻布

由木棉制成。一面较光泽，有胶质涂布其上；另一面较粗糙。亦可浸防腐剂，如硼酸麻布。

5. 软性不透水物质

如油纸、蜡纸、牛皮纸、油布、橡皮布及塑料布等。它既可用以防止外界不洁物质(如粪、尿等)浸入创伤或污染绷带，又可保持用于患部之药液，而不至于短时间内流失或蒸发。

(二)硬固物质

硬固物质，常用的材料是竹板及钢(铁)条，用以加强硬化绷带的固定支撑作用。竹板上可作夹板绷带材料。另外，还有厚纸板，作夹板绷带的衬垫、急救绷带及小动物固定的绷带。

(三)硬化物质

硬化物质，主要作为固定及支撑绷带材料。最常用的材料为煅石膏(即结晶石膏、半水硫酸钙 $CaSO_4 \cdot H_2O$)，它是普通石膏(即含水硫酸钙 $CaSO_4 \cdot 2H_2O$)加热煅制，使其失去一半结晶水而成。如果普通石膏的结晶水全部失掉即为硬石膏(即无水硫酸钙 $CaSO_4$)，则无重新吸收水分而发生硬化的作用。

(四)胶固物质

1. 火棉胶

将火棉溶于乙醚中，配成10%火棉乙醚溶液即为火棉胶，为了增强其韧性，再加入甘油或蓖麻油(均为 2∶100),则为弹性火棉胶。

2. 锌明胶

取氧化锌 30.0 g、甘油 60.0 mL、明胶(或用水胶)90.0 g、水 150.0～180.0 mL,先将明胶置水浴锅内加热,溶化后应用,必要时可向胶内加适量水调匀再用。

(五)弹性物质

常用的有橡胶管,作引流用;橡胶带,作驱血及止血用。

第二节　常用绷带的包扎技术

一、卷轴绷带

卷轴绷带主要用于四肢,是最常用的一种。

(一)一般包扎规则

在患部创伤处置及放置敷料或加衬垫后,以右手拿绷带,左手拉开绷带的外侧头,使展开外侧头的卷轴带背向患部,一边继续展开,一边缠绕。第 1 圈缠完后,将绷带起始端的上脚向下折转,继续缠第 2 圈并将前者覆盖,使两圈重叠,以后按不同种类的包扎形式装着。最后两圈也按起初的缠法使之重叠,并将绷带的末端剪成两半,打方结固定。卷轴带的任何一种包扎形式,均应以环形起、环形止,操作中要用力均匀、松紧适度、绷带平整无褶。

(二)包扎形式(图 11-1)

1. 环形带

主要用于掌部、跖部等小创伤包扎。包扎时,从第 2 圈起至最后 1 圈止,每圈均相互重叠。

2. 螺旋带

主要用于掌部、跖部及尾部。从第 3 圈起,每缠一圈要覆盖前一圈的一半,如此由下向上呈螺旋式包扎。包扎尾绷带,每包扎 1～2 圈,应将尾毛向上折过前一圈绷带,随即以下一圈绷带压住,以防止绷带滑落。

3. 折转带

主要用于上粗下细的部位,如前臂或小腿部。包扎法与打裹腿的方法完全相同。即每螺旋式包扎一圈的同时,在肢的外侧方将绷带向外向下折转一次,再向上方继续包扎并覆盖前一圈的一半。折转部务必平整。

4. 交叉带

主要用于球节、腕关节或膝关节。即在关节的下方以环形带起始,然后经关节前面斜向关节的上方,作两圈环形包扎,再从关节上方斜向返回关节下方。如此反复在关节前面交叉,直至将患部完全包扎住为止,最后以环形带结束。

二、复绷带

复绷带是按照损伤部动物体的形态特点,利用棉布、纱布、棉花或木棉等材料而缝制成具有足够大小并与患部相适合的包扎物,在其各角及边缘缝有适当数量的布带,以便打结固定。

复绷带的形式以应用部位的不同而有各种各样。常用的有眼绷带、前胸绷带、鬐甲绷带、背腰绷带等。

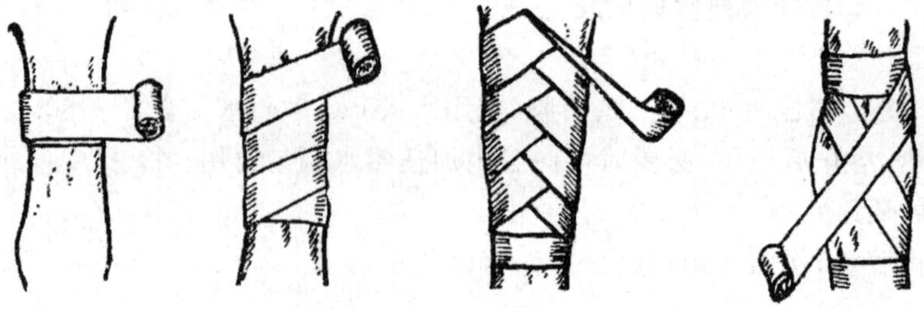

图 11-1　绷带的各种包扎形式

三、结系绷带

结系绷带是手术后为保护创口及减轻创缘张力的一种绷带。

装着法：将创口作 2～3 等分，分别于等分线及创口上、下角处，旁开创缘 3～4 cm（或于皮肤缝合针孔外侧 1～1.5 cm），将缝针刺入皮肤，与刺入点相距 0.5 cm 刺出，然后跨过创口，在对侧相应处作与上述方法相同的刺针，并除去缝针，留下缝线。最后将灭菌纱布折成数层置于缝线下面，收紧各缝线，打活结固定，更换敷料时，可随时解开，见图 11-2。

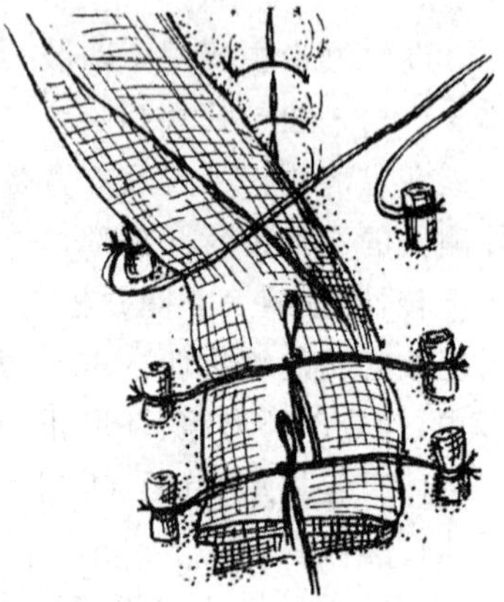

图 11-2　结系绷带

四、夹板绷带

夹板绷带是借助于夹板保持患部安静，避免加重损伤、移位和使伤部进一步复杂化的制动作用的绷带，可分为临时夹板绷带和预制夹板绷带两种。前者通常用于骨折、关节脱位时的紧急救治，后者可作为较长时间的制动。

临时夹板绷带可用胶合板、普通薄木板、竹板、树枝等作为夹板材料。小动物亦选用压舌板、硬纸壳、竹筷子作为夹板材料。预制夹板绷带用金属丝、薄铁板、木料、塑料板等制成适合四肢解剖形状的各种夹板。另外，在小动物，厚层棉花和绷带的包扎也起到夹板作用。无论临时夹板绷带还是预制夹板绷带，皆由衬垫的内层、夹板和各种固定材料构成。

夹板绷带的包扎方法是先将患部皮肤刷净，包上较厚的棉花、纱布棉花垫或毡片等衬垫，并用蛇形螺旋形包扎法加以固定，然后再装置夹板。夹板的宽度视需要而定，长度既应包括骨折部上下两个关节，使上下两个关节同时得到固定，又要短于衬垫材料，避免夹板两端损伤皮肤。最后用绷带螺旋包扎或结实的细绳加以捆绑固定，见图 11-3。

五、支架绷带

支架绷带是在绷带内作为固定敷料的支持装置。这种绷带应用于动物的四肢时，用套有橡皮管的软金属或细绳构成的支架，借以牢靠地固定敷料，而不因动物走动失去它的作用。在小动物四肢常用改良托马斯支架绷带，其支架多用铝板根据动物肢体长短和其伤部粗细自制，见图 11-4。

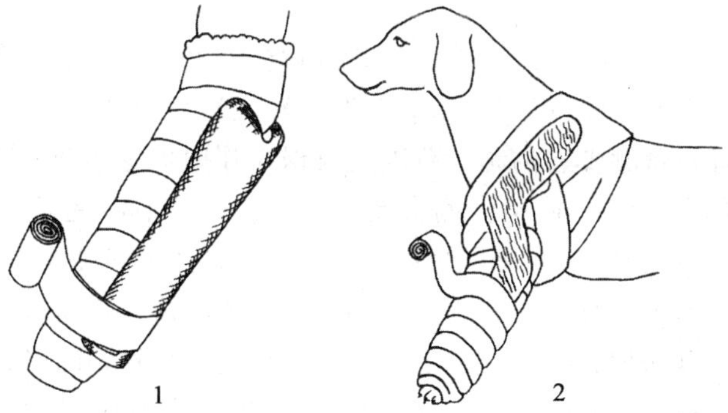

图 11-3　夹板绷带(犬)

1. 塑料夹板绷带　2. 纤维板夹板绷带

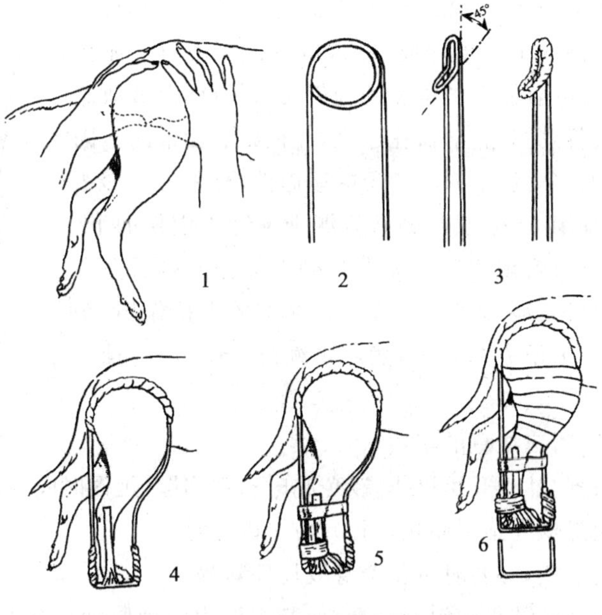

图 11-4　改良托马斯支架绷带

1. 测大腿的直径　2. 用铝棒卷曲一圈半　3. 圈下 1/2 屈曲呈 45°,并用绷带包扎

4. 支架圈套入大腿,按动物站立姿势和高度屈曲两支架杆,并用绷带或胶带缠绕其远端

5. 支架向腹股沟托紧,用胶带将脚缠绕固定在支架远端

6. 如犬重 13 kg,再在支架底部附加一铝棒,最后用棉花和绷带缠绕固定整个支架

支架绷带具有防止摩擦、保护创伤、保持创伤干净和通气等作用,因此可为创伤的愈合提供了良好的条件。

六、石膏绷带

石膏绷带是在淀粉液浆制过的大网纱布上加上煅石膏粉制成的。这种绷带用水浸后质地柔软,可塑制成任何形状敷于伤肢,一般十几分钟后开始硬化,干燥后成为坚固的石膏夹。根据这一特性,石膏绷带应用于整复后的骨折、脱位的外固定或矫形都可收到满意的效果。

(一)石膏绷带的装置方法

应用石膏绷带治疗骨折时,可分为无衬垫和有衬垫两种。一般认为无衬垫石膏绷带疗效好。骨折整复后,消除皮肤上泥灰等污物,涂布滑石粉,然后与肢体上、下端各绕一圈薄纱布棉垫,其范围应超出装置石膏绷带卷的预定范围。根据操作时的速度逐个将石膏绷带卷轻轻地放到盛有30～35℃的温水桶中,使整个绷带卷被淹没。待气泡出完后,两手握住石膏绷带卷的两端取出,用两手掌轻轻对挤,除去多余水分。从病肢的下端先做环形包扎,后做螺旋包扎向上缠绕,直至预定的部位。每缠一圈绷带都必须均匀地涂抹石膏泥,使绷带紧密结合。骨的突起部,应放置棉垫加以保护。石膏绷带上下端不能超过衬垫物,并且松紧要适宜。根据伤肢重力和肌肉牵引力的不同,可缠绕6～8层(大动物)或2～4层(小动物)。在包扎最后一层时,必须将上下衬垫向外翻转,包住石膏绷带的边缘,最后表面涂石膏泥,待数分钟后即可成型。

当开放性骨折或伴发创伤的其他四肢疾病时,为了观察和处理创伤,常用有窗石膏绷带。"开窗"的方法是在窗口上覆盖灭菌的创巾,将大于创口的杯子或其他器皿放于创巾上,杯子固定后,绕过杯子按前法缠石膏绷带,在石膏未硬固之前用刀作窗,取下杯子即成窗口,窗口边缘用石膏泥涂抹平。有窗石膏绷带虽然有便于观察和处理创伤的优点,但其缺点是可引起静脉淤血和创伤肿胀。若窗孔过大,往往影响绷带的坚固性。为了满足治疗上的需要和不影响绷带的坚固性,可采用桥形石膏绷带。其制作方法是用5～6层卷轴石膏绷带缠绕于创伤的上、下部,作窗孔的基础,待石膏硬化后于无石膏绷带部分的前后左右各放置一条弓形金属板即"桥",代替一段石膏绷带的支持作用,金属板的两端放置在患部上下方绷带上,然后再缠绕3～4层卷轴石膏绷带加以固定,见图11-5。

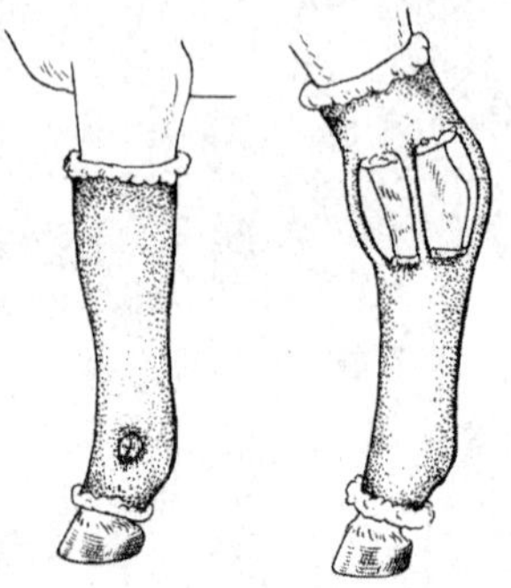

图 11-5 石膏绷带

(二)包扎石膏绷带时应注意的事项

(1)将一切物品备齐,然后开始操作,以免临时出现问题,延误时间。由于水的温度直接影响石膏硬化时间(水温降低会延缓硬化过程),应予以注意。

(2)动物必须保定确实,必要时可作全身或局部麻醉。

(3)装置前必须将病肢整复到解剖位置,使其主要力线和肢轴尽量一致。为此,在装置前最好应用X射线摄片检查。

(4)长骨骨折时,为了达到制动目的,一般应固定上下两个关节,才能起到制动的作用。

(5)骨折发生后,使用石膏绷带做外固定时,必须尽早进行。若在局部出现肿胀后包扎,则在肿胀消退后,皮肤与绷带间出现空隙,达不到固定作用。此时,可施以临时石膏绷带,待炎性肿胀消退后将其拆除,重新包扎石膏绷带。

(6)缠绕时要松紧适宜,过紧会影响血流循环,过松会失去固定作用。一般在石膏绷带两端以插入一手指为宜。缠绕的基本方法是把石膏绷带"贴上去",而不是拉紧"缠上去",每层力求平整。为此,应一边缠绕一边用手将石膏泥磨平,使其厚薄均匀一致。

(7)未硬化的石膏绷带不要指压,以免向下凹陷压迫组织,影响血液循环或发生溃疡、坏死。

(8)石膏绷带敷缠完毕后,为了使石膏绷带表面光滑美观,有时用干石膏粉少许加水调成糊，涂在表面，使之光滑整齐。石膏夹两端的边缘，应修理光滑并将石膏绷带两端的衬垫翻到外面，以免摩擦皮肤。

(9)最后用紫色铅笔或毛笔在石膏夹表面写明装置和拆除石膏绷带的日期，并尽可能标记出骨折线。

(三)石膏绷带拆除

石膏绷带拆除的时间，应根据不同的病畜和病理过程而定。一般大动物为 6～8 周，小动物为 3～4 周。但遇下列情况，应提前拆除或拆开另行处理。

(1)石膏夹内有大量出血或严重感染。

(2)动物出现原因不明的高热。

(3)包扎过紧，肢体受压，影响血流循环。动物表现不安，食欲减少，末梢部肿胀，蹄(指)温变冷。

(4)肢体萎缩，石膏夹过大或严重损坏失去作用。

由于石膏绷带干燥后十分坚硬，拆除时多用专门工具，包括锯、刀、剪、石膏分开器等，见图 11-6。

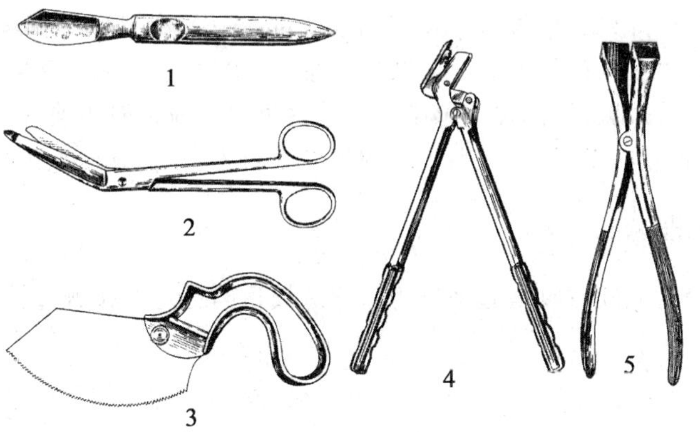

图 11-6　拆除石膏绷带的工具

1. 石膏刀　2. 石膏剪　3. 石膏手锯　4. 长柄石膏剪刀　5. 石膏分开器

拆除的方法是：先用热醋、双氧水或饱和食盐水在石膏夹表面划好拆除线，使之软化，然后沿拆除线用石膏刀切开或石膏锯锯开，或石膏剪逐层剪开。为了减少拆除时可能发生的组织损伤，拆除线应选择在较平整和软组织较多处。外科临床上也常直接用长柄石膏剪沿石膏绷带近端外侧缘纵行剪开，然后用石膏分开器将其分开。石膏剪向前推进时，剪的两页应与肢体的长轴平行(图 11-7)，以免损伤皮肤。

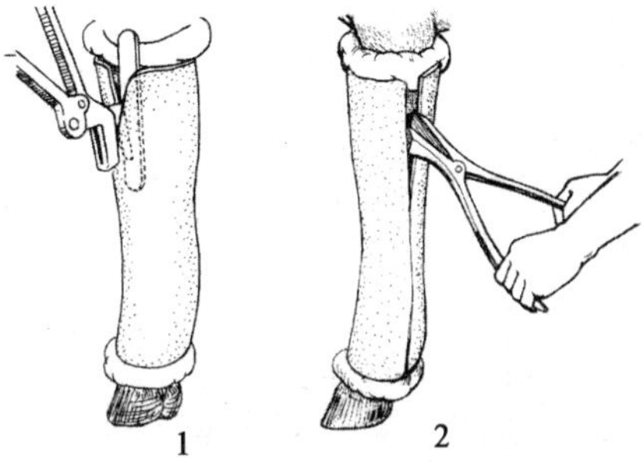

图 11-7　石膏绷带拆除方法

1. 用长柄石膏剪从石膏绷带近端外侧缘纵行剪开　2. 用石膏分开器分开石膏绷带，使裂缝扩大后即可拆除

第三节　绷带的更换和处理

一、绷带的更换

绷带的作用已如前述，所以频频更换绷带非但无益，反而会妨碍损伤的修复。但下列情形下则又必须更换或解除绷带。

（一）绷带的作用丧失

（1）绷带松弛或脱落。绷带包扎过松，动物活动使之滑落。包扎时患部肿胀，以后肿胀消退致使绷带变松。通常，石膏绷带装着后1周左右，应更换一次，道理即如此。

（2）绷带被浸湿或污染。绷带被创伤分泌物从内浸湿，或被粪、尿等污物从外部污染。当绷带变为潮湿以后，微生物极易渗入。

（二）局部或全身发生异常

（1）局部变化：一般创伤治疗，开始数天如分泌物较多通常每天需要更换绷带。以后随分泌物减少，可改为2～3 d更换一次绷带。如创口缩小，填塞也应缩小或取消及解除包扎。在包扎过紧时，会引起局部血循环障碍。如在绷带下部，组织发生肿胀、温度降低，甚至坏死；局部因压迫发生麻痹，表现为痛觉消失。四肢部绷带，经短时间适应后患肢即可着地，若长时间不敢着地，则表示绷带过紧，局部发生感染。在这些情况下应及时更换或解除绷带。

（2）全身变化：食欲减退，体温升高表示创伤发生感染，应揭开包扎进行观察和处理。

二、绷带的处理

用过的绷带材料，应随时收集起来作为医疗垃圾适当处理。接触过传染病动物的绷带、敷料，均应焚毁。

第十二章 实验动物安死术

第一节 概 述

一、实验动物安死术的定义

实验动物科学中的安死术是指对于那些已完成实验任务或接近完成实验任务或生产淘汰或处于濒死状态的实验动物实施的人道处死(humane death)。

安死术又称为安乐死。安乐死来源于希腊文,英文是"euthanasia",意思是无痛苦地、幸福地死亡,也有人翻译为"平安和有意义的死亡"。实际上它包括两层含义,一是无痛苦地死亡,安然地去世;二是无痛致死术,为结束患者的痛苦而采取致死的措施。在医学界,我国学者对安乐死的定义是:"患不治之症的病人在垂危状态下,由于精神和躯体的极端痛苦,在病人和其亲友的要求下,经过医生认可,用人道方法使病人在无痛苦状态中结束生命过程。"因此,我们通常所说的安死术则是一种特殊的选择死亡的方式。在实验动物领域用安死术可能更加贴切。安死术实际上也不是绝对的无痛苦死亡,也伴随着微量的疼痛和痛苦(pain and distress)。

二、对实验动物实施安死术的原因

实验动物是生命体,与一般的实验材料有着本质的区别,具有痛苦、疼痛、苦难、濒死等生命反应。由于实验动物作为人类的替难者用于各种科学实验,为人类的生命安全与健康做出了贡献甚至付出了生命,人类有义务也有责任给予实验动物足够的尊敬,处死动物时尽可能减少动物的疼痛和痛苦,对于实验者自身来说既是一种负责任的行为,也是一种心理的安慰。

三、对实验动物生命反应的判断

实验动物在实验过程中可能遭受种种处理或处置,因此其生命反应也是多种多样的,但一般来说,最受人关注的是动物的濒死、疼痛、痛苦和苦难,当然这些并没有严格的界限与衡量标准,完全是人为地判断与划分。

1. 濒死

即可预测的死亡。按照实验计划,在实验结束之时,实验动物的结局就是预示着死亡,或根据经验判断出动物即将出现的结局即是死亡,如不能自由摄取水和食物等。

2. 即将死亡

在实验计划的下一次观察之前出现垂死状态或死亡。啮齿动物中表现出此状态的症状包括抽搐、斜躺、颤栗。

3. 垂死

处于即将死亡的状态，或即使有治疗的情况下也不能够继续生存下来。

4. 疼痛

疼痛可以定义为不愉快的感觉或感情经历，与实际的或潜在的组织损坏有关，由动物自身感染疾病、动物之间的争斗或者由于实验刺激引起。疼痛的情况是多种多样的。

(1)短期伤害性疼痛：疼痛反应由短暂的有害刺激引起，该刺激不会产生组织的损坏。此种形式的疼痛视为不严重。如踩踏引起的疼痛。

(2)持续性疼痛：疼痛由组织的损坏引起，在损坏期间或者治疗炎症过程中一直持续，可能一直持续到损坏的局部组织得到治愈。此类型的疼痛可以比较严重或令动物痛苦，尤其持续时间长或永久持续时。如实验手术伤害、自残、骨折、局部感染等。

(3)神经性疼痛：疼痛由外围或中枢神经系统损坏或不正常的活动引起。神经性疼痛通常被认为是严重的，是十分痛苦的疼痛。如内部出现一个大肿瘤压迫神经。

疼痛的客观症状包括发声、有感染的症状、对刺激的厌恶与逃避、保护受伤害的身体部位或者自残。进食量减少也是持续性疼痛的一个症状。

5. 痛苦

感觉厌恶的状态，由不适或不能适应紧张性刺激引起。身体或行为上的改变可能是紧张的症状。但一般认为突发的紧张不会引起痛苦。痛苦通常会引起运动的变化，可能导致动物保持一种持续的异常行为。

与痛苦有关的紧张性刺激主要是指那些可能引起动物显著的增加疼痛、恐惧或担心的刺激。在服药时退回到笼子的角落或者过度反抗或发出声音，这些都是在实验过程中动物经受痛苦的例子，有时实验人员或饲养人员粗暴地抓取、不友好地对待也会引起动物的痛苦。

6. 苦难

苦难是一个难以理解或难以表述的概念，在人类通常指由持续的疼痛或痛苦产生的一种负面情感状态。因此，在没有反面证据的情况下，可以假设动物持续的疼痛或痛苦也会导致动物的苦难。如果知道是什么引起人类的苦难，也就不难设想引起动物苦难的原因了。

实验动物是否处于疼痛、痛苦或苦难状态，一般通过细心地观察动物的行为、表情都可以判断。当然当下述现象出现时，毫无疑问动物正在处于痛苦或疼痛状态：非正常发声、非正常进攻性、非正常体态、对接触的非正常反应、非正常移动、非正常的外表、被毛竖立或疏松、呼吸困难、角膜溃烂、骨折、不愿移动、体重迅速下降、消瘦或严重脱水、明显的外伤、开着的伤口或皮肤溃烂、显著流血、进食量和饮水量急剧减少等。

四、实验动物实施安死术的适应范围

临床症状可以显示实验动物正经历显著的疼痛和痛苦。如果不影响研究的过程及目标时，应该通过合适的治疗减轻实验动物的疼痛和痛苦，如果观察到实验动物有剧烈的疼痛或痛苦症状，且无法治疗或不能实施治疗措施时，应该对这类实验动物实施安死术。

在实验中止和终止时由于实验计划或在实验中动物生病、负伤不能救助而陷于苦痛时，实验者决定不再使用这些动物，再继续饲养不仅使动物遭受持续的痛苦，还会极大地增加经济负担，这时应该对这些实验动物实施安死术。

在意外发生火灾、地震等紧急状态时，可以采取安死术处死实验动物。

在毒理学研究过程中提出了仁慈终点（humane end-point）的概念，最终目的是为了能在动物经历这些过程之前，精确地预测出动物忍受剧烈的疼痛、痛苦、苦难，或即将死亡的状态，提前预测实验结果终止实验而减少动物不必要的痛苦。

仁慈终点可以定义为：动物实验中动物所忍受的剧烈的疼痛、痛苦、苦难或即将死亡的最早暗示。但是，目前科学还没有达到能在动物剧烈的疼痛和痛苦发生之前精确地预测出来的程度，只能根据以往经验，在识别出动物疼痛、痛苦或苦难时，即在它们出现这些症状的一开始，用定义好的仁慈终点和标准通过对动物的临床检查而识别出来。在研究与试验中使用仁慈终点已经在很多出版物中有所描述，目的就是尽量使实验动物遭受的痛苦、疼痛最小化或者消除。无论是通过安死术，还是提前结束长期研究，或者减少试验物质的剂量，但需要科学界达成一种共识，毕竟实验结果才是实验的目的。

不同的动物物种，处于不同发展阶段的动物，对试验条件都有不同的反应，显示出不同的痛苦迹象。为了识别动物经历疼痛和痛苦的临床症状，要求观察者必须熟悉研究中使用的每种实验动物的正常与非正常的特性。因为有些物种可能在剧烈疼痛或痛苦时并不表现出明显的生理或者行为上的变化。结合实际情况应该作出具体的判断，不仅需要经验，更需要爱心，应该综合考虑到各种潜在的可能性，做出综合评价。如果识别出相关的仁慈终点，应该在设计试验时就描述出来，写入试验协议和相关标准操作程序中。

对实验动物实施安死术应在充分考虑生命的尊严，除遇到火灾、地震等紧急情况外，一般在没有更好的处理办法时才采取安死术。

第二节　常用的安死术

安死术要求通过心脏或呼吸抑制导致大脑丧失功能，使动物快速失去知觉。此外，安死术应在动物失去知觉前最大限度减少动物的痛苦和焦虑。当然实施安死术很难做到使动物完全没有疼痛和痛苦，但通过改善安死术的实施条件和完善技术操作可以减少动物的痛苦。从定义中可以看出，安死术包含两个方面的内容，一是减少疼痛，二是减轻痛苦。减少疼痛要求建立无疼死亡技术，减轻痛苦要求尽量减少动物感知（丧失意识）。

实验动物安死术的种类很多，根据动物种类的不同、实验目的的不同以及实验室条件的差异可采取不同的安死术。但是，实验动物安死术的选择必须遵循的基本原则是一致的，一般认为，下列原则是在选择安死术时应当考虑的：

（1）在尽可能短的时间内使动物失去意识而迅速死亡。

（2）实施安死术不应引起动物的惊恐、疼痛或痛苦。

（3）动物生理和心理上的伤害程度最小。

（4）对安死术的操作者或实施者的情绪和心理影响最小。

（5）对环境没有污染。

（6）对设施、设备、器具等条件要求简单，成本低。

（7）操作简便，易于掌握，可重复性好。

（8）方法可靠，不应因受操作熟练程度或其他条件影响，造成实施中断或不彻底。

（9）实施场所应与其他动物相互隔离，安死术实施现场不能有其他动物存在。

安死术的具体方法很多，目前一般推荐使用的方法主要有下面四类。

一、物理学方法

物理学方法即指使用的简单物理方法对动物的大脑或神经干造成致命伤害，使动物快速死亡的方法。

物理学方法的优点是不需要特殊设备，操作简单快捷。缺点是对实验人员或安死术的实施者容易带来情绪上的影响。因此，一般认为物理学方法不宜采用，只是对于体形较小，不宜实施注射等操作的动物可以使用物理学方法处死。物理方法有刺椎、枪击、脱颈椎、断头、电击、微波刺激、处死陷阱、压胸、放血、击晕和脑脊髓穿刺等。技术好的人员使用好的器械实施安死术比其他的方法都要好，动物几乎感受不到害怕和焦虑，因为速度快，动物也不会感到疼痛。

放血、击晕和脑脊髓穿刺一般不作为单一方法使用，但可作为其他安死术的补充。

在某些情况下物理方法是最合适的安死术，因为这样可以快速缓解疼痛和痛苦，但要求实施安死术的人员训练有素，并应有美学观点。因为所有的物理方法都会产生创伤，对动物和人都存在潜在危险，操作者的熟练程度是至关重要的。

(一)脱颈椎法

脱颈椎法实际上是指在枕骨大孔处施加强大的外力，使颈椎脱臼，脊髓与脑髓的联系迅速中断，动物瞬时死亡。

一般适用于大鼠、小鼠的处死。先用麻醉剂将动物轻度麻醉，放在桌面或笼盖上，左手拇指和食指按住鼠头部后端接近枕骨大孔处，或用剪刀、大镊子等器具按压住该部位，右手抓紧鼠尾，迅速向后上方用力一拉，使颈椎脱臼，动物立即死亡。由于破坏的是脊髓和脑髓，动物的脏器没有受到损坏，可以用来取样，进行其他实验。

实施脱颈椎法时应注意：根据动物的个体大小适当用力。大鼠脱臼时用力要稍大一些，抓住尾跟部并旋转用力。用力过大容易造成动物尾部皮肤受损或脱落，颈部皮肤也易受损；用力过小达不到脱臼的目的。不应对没有经过麻醉的动物使用该方法。

(二)脑脊髓刺毁法

脑脊髓刺毁是指用利器将动物脑髓与脊髓迅速分开，导致动物快速死亡。一般适用于两栖类和爬行类动物，特别是蛙类的处死。

先将青蛙(或蟾蜍)放置低温环境降温到 4℃左右，蛙基本失去活动能力，伸开左手，使蛙俯卧在手掌上，食指和中指夹住蛙的两前肢，无名指和小拇指夹住两后肢，拇指轻轻将蛙头下按，头和颈的连接处便突现出来。右手拿解剖针，自蛙颅骨与第 1 颈椎之间的缝隙中间刺入，然后前后(对蛙的左右)搅动，会感觉到蛙后肢肌肉出现强直现象，继而瘫软。为实施彻底，可继续将针向前沿穿过枕骨大孔刺入颅腔，边推进边搅动，破坏蛙的大脑。然后退出解剖针，再将针向后刺入颈椎搅动，破坏脊髓。

该方法简单，易掌握，初学者注意掌握解剖针的角度和刺入的深入，切勿自伤手指。

(三)其他方法

1. 切断隔膜

通过手术将动物隔膜切断，导致动物死亡。操作人员的技术和经验是最重要的。应用于小鼠、大鼠(＜200 g)。切断隔膜法只能够在动物被麻醉的情况下实施。

2.放血法

放血法不能单独使用，因为动物在血压降低时会有焦虑感。放血法只能在动物麻醉的情况下使用。常用的是股动脉、肱动脉或心脏放血。

二、注射法

用注射器将麻醉药物注入动物静脉或心脏，可使动物快速致死。一般注射剂量是麻醉用剂量的 10～25 倍。由于心脏注射对技术要求高，一般不采用。静脉注射困难时，也可采用腹腔注射，但应加大注射剂量。常用的麻醉药物有巴比妥类、水合氯醛、硫酸镁等。

该方法致死速度快、效果好，给动物带来的影响小，且适用于各类动物，是安死术的首选方法。但动物限制和保定会给动物增加额外的恐吓和不安，必要时使用镇静方法辅助进行。对有侵略性的、可怕的、凶猛的动物实施安死术以前最好先使用镇静剂然后静脉注射安死术药物。当静脉注射安死术药物有困难时，使用无刺激性药物（非封闭神经肌肉药物）行腹膜内注射也是可以的，但由于麻醉药物的使用剂量较大，注意环境和实验人员的安全，特别是动物尸体处理时要特别注意。

一般不能使用肌肉注射、胸腔注射、皮下注射、肺内注射、肝内注射、脾内注射、肾内注射、鞘膜内注射等非静脉注射法实施药物安死术。

三、吸入法

把动物放入充满麻醉气体的容器中，密闭容器，动物因吸入过多麻醉药品缺少氧气而死亡。为减少互相影响，一般一个容器每次只能放入一只动物。对于兔子等大动物，吸入性麻醉剂最好通过麻醉机精确地给予定量气体。对于啮齿类动物，吸入性麻醉剂可以通过麻醉机或倒置的钟形的玻璃容器或鼻锥体进行。

如果用二氧化碳，则建议用 90%～100%的压缩于钢瓶中的二氧化碳。在放入动物前麻醉罐中应该先充满气体，并根据需要随时补充气体。二氧化碳比重比氧气大，应确认动物不能爬到容器的上部。有时动物会对氧气不足的环境产生抵抗力，因此吸入麻醉同时实施其他安死术，如断椎或刺破隔膜。该安死术一般用于啮齿类，兔子和大动物吸入二氧化碳会产生痛苦，应该选用其他的安死术。

任何吸入药物都需要在肺泡中达到一定浓度才能导致死亡，因而动物死亡需要一定时间。药物的选择原则在于动物开始吸入到动物死亡之间这段时间动物是否感受到疼痛和痛苦。在动物吸入后丧失意识以前引起痉挛的有些药物是不能用作安死术的。

使用吸入方式处理动物应注意：

（1）能够快速达到较高浓度的、比较快速使动物丧失意识的、比较人道的药物用作安死术。

（2）设备能够满足快速使药物达到高浓度并能够保持一定时间不泄漏。

（3）多数药物对人是有害的，比如接触麻醉危险（乙醚）、昏迷（氟烷）、缺氧（氮气和一氧化碳）、上瘾（一氧化氮）、长期危害健康（氧化氮、一氧化碳）。

（4）肺泡换气缓慢更易引起动物激动时就应该使用非吸入方式。

（5）新生动物对缺氧耐受好，不宜使用吸入方式。

（6）高速气流易产生噪声惊吓动物。

（7）一个箱子中只能放置一种动物。

(8)爬行动物、两栖动物、潜水鸟类动物和哺乳动物都不能使用吸入方式实施安死术。

四、混合法

有时候需要先将动物麻醉,再采用击晕、脑脊髓穿刺、放血等方法实施安死术。这样既避免了大量麻醉剂的使用,又避免了物理方法所需要的较高的技术熟练程度。

在实际操作中,实施安死术需要保定动物。这要根据动物种、品种、大小、饲养状态、驯化程度、是否有疾病和伤害、刺激程度等确定安死术的实施方法。

实施操作安死术的人员选择也是至关重要的。一般来说,实施安死术的人员应是经过严格训练的富有经验且持有相关证书的技术人员或兽医,以保证在安死术实施过程中尽量减少动物的疼痛和痛苦。这些经验至少包括:熟悉需实施安死术的动物的行为,清楚安死术让动物丧失意识和死亡的原理,并熟悉实施安死术的环境和条件。

第三节　对不同实验动物所推荐的安死术

实施安死术应该考虑动物的品种品系、生理状态、行为状态等。而且,无论何时实施安死术都应该以最高标准的伦理道德原则约束,符合社会伦理道德原则和社会认知。在评价安死术时必须认真对待动物行为表现和人员行为表现。

根据动物的进化程度、个体大小、生理状况不同选择不同的安死术,选择过程本身也需要很高的动物福利意识。

(1)鱼类和两栖类:一般选择物理方法。

(2)大鼠、小鼠和其他小的啮齿类动物:一般选择吸入过量的二氧化碳、切断隔膜、皮下或腹腔注射麻醉剂或巴比妥盐等方法。对于服用镇静剂的动物进行切断隔膜,除非有其他的方法,此方法在课题计划书中明确规定(课题计划书已通过实验动物管理和使用委员会批准)。

(3)兔子:一般用皮下、腹腔或肌肉注射适量麻醉剂(巴比妥酸盐),在麻醉状态下进行大量放血。

(4)犬、猫、猪:一般选择给予过量的麻醉剂。

(5)猴子:鉴于动物福利以及员工的安全,安死术必须在动物完全麻醉的情况下进行。通过隐静脉、头静脉或者股静脉注射硫喷妥钠或戊巴比妥。在进行静脉注射时,巴比妥盐类会对动物产生很大的刺激性,可引起组织坏死。

安死术常见试剂用量见表 12-1。

表 12-1　安死术常见麻醉剂用量一览表

类别	使用药物与方法	用量
非人灵长类动物	过量戊巴比妥,静脉注射 在用药前可考虑现有镇静剂使其安定,为减少呕吐反应,最好禁食 12 h	>100 mg/kg
犬	过量戊巴比妥或戊硫代巴比妥,静脉注射; 氟烷或异氟烷,过量吸入	>100 mg/kg 有效剂量

续表 12-1

类别	使用药物与方法	用量
兔	过量戊巴比妥，静脉注射 用克他命/甲苯噻嗪，肌肉注射，麻醉后放血	戊巴比妥>120 mg/kg 克他命>50 mg/kg 甲苯噻嗪 >10 mg/kg
豚鼠	氟烷或异氟烷，过量吸入； 二氧化碳/氧气混合气体； 克他命或甲苯噻嗪，肌肉注射，麻醉后放血	吸入有效剂量 吸入有效剂量 克他命>50 mg/kg 甲苯噻嗪>10 mg/kg
大鼠、小鼠	氟烷或异氟烷，过量吸入； 二氧化碳/氧气混合气体； 戊巴比妥，腹腔注射； 麻醉后剪断隔膜	吸入有效剂量 吸入有效剂量 >150 mg/kg

注：表中"有效剂量"是指给予药物的剂量足以使动物丧失意识和痛苦，并伴有永久的和不可恢复的呼吸和心跳的停止。

第十三章　动物实验后的观察和饲养管理

第一节　一般护理

动物实验后，由于对动物抓取、保定、麻醉、实验刺激及手术损伤等的影响，动物会产生一系列的生理和心理反应。因而一般护理应考虑动物体质下降、动物焦躁不安、疼痛和敌视心理。不同的动物实验护理方法亦有侧重，但总体上要注意以下几种护理。

一、动物体质下降

给予足够的动物生存所需要营养物质对于减少由于动物实验引起的动物体质下降十分重要。营养物质包括水、糖、脂肪、蛋白质、维生素和矿物质（电解质），不论健康动物或是患病动物，要求每天提供适当的营养，才能使获得量和丢失量保持平衡。其中水是最为重要的物质。对实验动物的饮水，在国家标准《实验动物环境及设施》（GB 14925）中有要求。不同级别和不同环境中进行动物实验后的饮水，要按照国标中的规定执行，并对饮水的质量进行检测，其结果应作为原始资料保存。饮水瓶应定期更换，清洗消毒，以防止交叉感染。自动饮水装置应经常检查、维修和必要的灭菌处理，以保持其良好、卫生的工作状况。另外，要根据水的日需要量给予动物足够量的水。哺乳动物水的日需要量为 25～40 mL/kg，临床上的给水量是根据血比容的测定而决定。而粗略估算的方法是：30 mL/kg×体重（kg）＝水的需求（mL）。健康动物可饮足够量的新鲜水，由于体弱不能摄取的，要强迫给水，其中包括人工饲喂或通过其他非消化道途径进行补给。在饲料的营养成分中，要注意蛋白质的含量，因为蛋白质是成年动物组织损伤修补、免疫球蛋白产生和酶合成的来源，蛋白质供应不足，使免疫功能减弱，愈合减慢，肌肉张力减少。其主要来源是肉、鱼、蛋、乳制品和豆类植物。另外，能量的摄入对患病动物机体的调整不可缺少。维生素 C 和维生素 B 在手术时常常应用。

二、动物焦躁不安、疼痛和敌视的缓解

在动物实验后，由于进行灌胃、注射或者麻醉手术等操作，对动物产生不同程度的生理和心理的损害，使其有焦躁不安的情绪和对实验者的敌视。如果这种情绪不太严重，实验后注意控制环境，减少其对动物的影响，经过一段时间的适应和动物的自行调节，这种情绪会减缓甚至消失，在重复多次的实验操作中还会“主动”配合实验者。但如果这种情绪严重，动物出现烦躁、狂躁甚至严重敌视实验者抑或有攻击实验者的企图，则要引起工作人员的足够重视，采取适当的安抚措施，给予动物一定量的镇静剂或安定剂，使其情绪得到平复。另外，如果实验操作引起的损害较大，如手术后导致动物疼痛严重，应及时给予止痛药，也是缓解和安抚动物情绪的措施之一。研究证实，动物实验后给予动物适当的玩具，增加动物环境的丰富度，可有效

降低动物实验引发的应激反应。

三、不同动物实验后的护理方法应有所侧重

动物实验的种类和技术、方式很多，在不同动物实验后，对动物的护理方法有所不同。药理毒理实验后，主要是观察给药后对其生理、行为等的改变。而手术造模后，则更侧重于采取防止伤口感染、止痛、保温、制动等护理措施。

四、观察和记录

实验后的观察记录是所有动物实验后的管理中比较重要的一个环节，应该每天进行。无论是给药处理还是手术、感染实验，都必须对动物的一举一动认真、仔细、及时地观察并记录。其内容包括动物的皮肤和被毛、眼耳口鼻等五官的外观和分泌物、精神状态、行为、运动状态、体温、体重、术后动物的伤口愈合情况、感染情况以及感染实验后动物的发病症状等。对记录资料要妥善保管，防止损坏和丢失。

五、环境控制

环境对动物的生理、心理都会产生影响，因此按照实验要求控制动物观察室的环境指标，如温湿度、风速、空气清新度、噪声、光照时间、明暗交替时间等，使其达到国家标准的要求，对实验结果的准确性至关重要。另外，在环境因素中，垫料是一种可以影响实验数据和动物健康的重要环境因素，在动物观察饲养条件一节中将述及。

第二节　动物观察饲养的条件

一、饲养观察室内的基本设备

饲养观察室内应具备的一些基本设备包括动物笼器具、操作检查设备和洗擦消毒用具等。另外，还必须备有护理治疗用品（如肛温表、输液注射用品、拆线换药用品、血尿粪及各种分泌物的采集用具、吸引器等）和急救箱。急救箱内要配有常规抗休克等必需的急救药品。

动物笼器具种类繁多，包括饲养笼（盒）、代谢笼、笼具架等，不同动物的笼器具规格也不同。有干养式，也有水冲式。有不锈钢网式，也有塑料盒式。

操作检查设备与用具包括电子天平、作业台、处置车、洗手台、移动式踏梯、作业搬运车、饲料搬运车、动物捕捉手套、动物捕获网等。

洗擦消毒用具包括灭菌缸、污物铲、洗手桶、消毒液桶、拖布挤干器以及防毒面罩、灭火器等。

作为饲养观察室，除了具备笼器具和清洁消毒剂外，尽可能配备一些特殊设备，如网络系统、闭路电视监护系统、摄影与摄像设备等。

二、动物观察饲养的环境要求

用普通级动物进行的预实验可以在普通环境中饲养管理和观察，但其环境指标也需符合国标中各类实验动物的动物实验环境指标的规定。对于清洁级及以上的动物，必须在屏障环

境或隔离环境等相应级别的设施中进行饲养管理和观察。无论是清洁级还是普通级环境内进行观察的动物,其温度、湿度、换气次数、噪声等环境指标都必须符合国标中相应的规定,才能最大限度地减少环境因素对实验结果的影响。如动物观察室要有良好的通风,为动物提供新鲜空气或充足的氧气并及时排除动物呼出的二氧化碳和排泄物的异味。环境光线也很重要,其强弱应依动物的种属不同而进行适当调整。

除此之外,垫料的选择也是非常重要的一个环节。实验人员应与动物饲养人员就选择合适的动物垫料进行商议。圈、笼内的垫料首先应具有柔软、干燥、绝缘、无毒性的特点,对皮肤黏膜无刺激性以及无致敏源性等特点。根据动物的种类不同,可选择麦秆、纸屑、刨花或木屑等材料。在进行某些实验时,还要考虑到不同树种、材质的刨花对动物实验有不同的影响,如松木的刨花因其散发的芳香烃类物质对动物肝脏有不利影响,不宜作为垫料。各种针叶树材的刨花因对动物代谢过程有影响,不宜在未经处理的情况下用作垫料。在实验期间,要定期更换垫料,当动物的排泄物、呕吐物或分泌物浸湿垫料时,应及时发现和更换。

第三节　预防和控制感染

术后感染决定于无菌技术的执行和患病动物对感染的抵抗能力。而术后的护理不当也是发生继发感染的重要原因,为此要保持病房干燥,勤换垫料,清除粪便,尽一切努力保持清洁,尽可能减少继发感染。对蚊蝇滋生季节和多发地区,要杀蝇灭蚊。对大面积或深创也要预防破伤风感染。防止动物自伤、咬、啃、舔、摩擦,可采用颈环、颈圈、侧杆等保定方法施行保护。

抗生素类药物对预防和控制术后感染、提高手术的成功率有良好效果。在大多数手术病例中,污染多发生在手术期间,所以在手术结束后,全身应用抗生素不能产生预防作用,因为感染早已开始。如在术前使用,手术时血液中含有足够量的抗生素,并可保持到一段时间。抗生素的治疗,首先对病原菌进行了解,在没有做药物敏感试验的条件下,使用广谱抗生素是合理的。抗生素绝不可滥用,对严格执行无菌操作的手术,不一定用抗生素。这不只是为了减少浪费,还可避免周围环境中具有抗菌性菌株增加。

第四节　动物实验后的饲养与管理

一、手术后动物的饲养与管理

(一)手术后的一般处理

手术结束后应立即将动物转移至术后隔离恢复区,通常是在干净的笼或圈里置以柔软的垫层,将麻醉尚未清醒的动物创面朝上放于垫层上,动物清醒后可辅助动物取腹卧位,以恢复动物机体正常的生理体位。手术后恢复区应配备有必要的外科急救器械和药品、生命体征监测设备,以及有经验的专业饲养人员。

1. 制动

对于术中保留有置管引流、输液或置管采取样本的动物,手术后应对动物进行部分制动或完全制动,以防动物麻醉清醒后咬断或扯落置管。由于制动易导致动物发生某种病理生理改变,如大鼠完全制动 24 h 后极易发生消化性溃疡,所以制动时应尽可能缩短制动时间。研究人员也应经常查看动物,以防动物受到损伤。

2.保暖

术后甚至包括术中的加温保暖是防止动物低温的主要护理措施,但应根据动物种类、手术类型、估计恢复时间的长短以及动物的生理状况等具体情况而定,应避免出现高温、烧伤等危险。具体保暖方法包括提高周围环境的气温,用棉毛织物加铝箔包裹动物机体,电热毯加热等。对于中小型动物还有用灯泡照射、热水袋保温或将动物置于暖箱等方法。大型动物保暖温度以 25～30℃为宜;小型或幼仔动物以 35～37℃为宜。

3.人工喂水与喂料

动物由于受手术的刺激或损伤,饮食欲降低,甚至丧失,实验者除了应细心观察动物的饮食状态外,还应尽可能地使动物恢复饮食欲,尽量让动物自由饮水和食入一些营养物质来补充机体需要。如果动物不能自由进食和饮水,则需要人工喂水与喂料用以补充术后动物对水和饲料的需求。人工喂水与喂料的优点在于:可保护动物在术后的恢复期间能够得到不断的监护,同时也可防止单靠使用自动饲喂装置而出现的营养不良现象。普通环境下动物饲养可使用生活用水,但最好也和屏障环境一样使用经过滤处理的去离子水。大动物的消化道手术,术后 1～3 d 禁止饲喂,静脉内输入葡萄糖。也可根据情况,给半流体或流体食物。犬和猫的消化道手术,一般于 24～48 h 禁食后,给半流体食物,再逐步转变为日常饲喂。牛的瘤胃手术一般不需要禁食,可适当减量。

对非消化道手术,术后食欲良好者,一般不限制饮食,但一定要防止暴饮暴食,应根据病情逐步恢复到日常用量。对于啮齿类动物,手术后有适合于动物恢复体能的全价饲料,犬、猫等动物可用适于术后恢复的市售方便食品。

4.补充电解质

动物外科手术的成功,重要的一点在于手术及术后期间能否保持正确的体液平衡,要对体液缺乏的动物进行成功的术后管理,需补充适量电解质,保证酸碱平衡。另外,有些暂时丧失了饮食机能的术后动物也需要及时经静脉输液或经其他途径如皮下注射、腹腔注射补液的方法给予一定量的能量物质和电解质,以补充体力,直至恢复摄食功能。对大动物一般采用静脉途径补液,对小动物有必要使用其他一些途径补液,如皮下或腹腔注射。对于大多数动物而言,24 h 的液体需要量为 40～80 mL/kg 体重。大、中型动物取低限值,小型动物取高限值计算补液量。常用的液体有葡萄糖盐水溶液、生理盐水溶液或平衡盐溶液等。

(二)手术后动物生命体征的监测

1.体温

大多数动物在手术结束时处于低温状态。发生低温的原因有二:一是麻醉药物抑制体温调节功能和降低了动物的基础代谢率,使动物机体产热减少;二是术野暴露和冰凉液体的使用使动物机体散热增加。对于小型动物和幼龄动物来说,由于其体积小,体表面积相对较大,更易因麻醉及术野暴露而发生低温。低温可导致动物外周血管阻力增加,心肌收缩力下降,心输出量减少,氧合血红蛋白解离曲线左移,组织利用氧的能力下降,机体耗氧量减少等改变。因此,术中和术后加强动物机体保暖可减少术后并发症的发生。保暖的同时必须持续监测动物的体温,以避免动物体温过高或过低。

2.血压和心电图

血压和心电图的监测均需要借助仪器完成,不是每一例手术动物所必需的。血压的监测有利于评估循环系统功能状态;心电图的监测有利于评估心脏的功能状态。

3.呼吸

观察动物呼吸频率和深度可粗略估计评价呼吸系统功能状态。使用 Wright 呼吸监测则可测量动物的潮气量,潮气量低于 10 mL/kg 体重提示通气不良。动物呼吸频率的进行性增加提示可能存在低氧血症、继发性肺炎、酸中毒或肺水肿。细心的肺部听诊可能早期发现肺部并发症。

4.其他

尿量的监测是了解动物肾功能和液体平衡的理想指标,可以通过留置导尿管或采用封闭的尿液收集系统,达到监测尿量的目的。

另外,还可监测中心静脉压(CVP),可通过中心静脉置管进行,CVP 受血容量、静脉回流率、心脏功能、血管张力及胸腔内压力的影响。CVP 升高提示血容量过多,所以 CVP 的监测是指导输血的理想指标。

二、药学、毒理学实验中动物的饲养和管理

药学、毒理学实验中动物的观察室除特殊规定外,一般要求和所用动物的级别相匹配的环境,而长期药学、毒理学实验则要求为人工封闭环境,即使为普通级动物,其指标也应符合国标各项要求。动物饲料必须符合国标中的营养标准,确保饲料在保质期内,不合格及变质饲料不能饲用。观察室的布局要合理,尤其要注意氨浓度,其浓度过高,会使长期试验观察的动物感染率及发病率增加,最常见的是中耳炎,引起歪头,朝一侧旋转。动物饲养观察室温度波动大也易引起动物的采食量下降和发病率增加。笼具应便于清洗消毒,要定时冲洗,经常保持清洁卫生。实验结束后,要彻底打扫并消毒房间、笼具、饮水瓶等。使用的垫料必须灭菌,防止病原微生物带入,垫料需每日更换,但应注意不使用含树脂、胶油的木屑以及有残留农药的垫料。笼具、饮水瓶及室内消毒时,若使用洗涤剂、消毒剂、杀虫剂等,要注意其对实验结果的影响。必须要获得确切的证据表明该药物对实验结果无影响才能使用。

在药学、毒理学动物实验中,实验后的动物管理最重要的一点是,在试验期间,做好观察记录,每天都要进行,并需要 2 人或 2 人以上人员同时观察,观察后必须当时记录。通常需要观察每只动物出现的各种药效、毒性反应迹象,包括活动抑制、嗜眠、旋转等行为异常以及粪便、尿液或其他排出物中带血或颜色改变等,动物机体局部肿胀、肿块、损伤、皮毛粗糙、眼睛分泌物多等现象也应仔细观和记录。化合物引起动物或笼具底盘颜色的改变也应注意观察清楚。并记录好饮水量、饲料消耗量、动物死亡数及一般健康状况。根据不同实验的要求每天或每周称重一次,小鼠在 24 h 体重减轻超过 1 g,大鼠超过 5 g,家兔超过 500 g 反应是毒理学实验中的典型表现之一。动物出现非供试品引起的疾病或出现干扰研究目的的异常情况时,应立即隔离或处死。需要用药物治疗时,应经专题负责人批准,并有详细记录。

三、感染实验中动物的饲养和管理

在感染实验中,动物的饲养和管理要注意几点:

(1)工作人员的防护。严格控制进出人员,必要时需要对工作人员实施预防性免疫接种。无论进行哪种级别的感染实验,都要穿戴和配备个人防护设备,并且不要穿戴到其他区域,实验人员或饲养人员每次接触动物后离开观察室之前需彻底洗手等清洁身体必要的部位。

(2)动物房舍门的要求。作为感染动物的观察室,门户均须向压力高的一侧开启,并设有自动闭锁装置。在观察室的入口处,应设置危险警示标记。

(3)实验材料和废弃物的严格处理。动物实验剩余的实验材料不可乱弃,均应进行适当处理(如去污、消毒、高压灭菌)。感染性微生物动物实验所产生的废水,可能威胁人体健康及环境卫生,需经化学处理(如次氯酸钠处理)或高压蒸气灭菌,方能排放。感染性动物尸体,经"防漏"包装后,蒸气高温高压灭菌,再贮存、焚化。各级别的动物感染实验的操作均必须严格按照相应的使用和管理规范执行。

第十四章　实验动物解剖技术

第一节　实验动物解剖程序

一、病理解剖前的准备

病理解剖之前首先检查送检手续是否齐全，有无病理解剖送检单、发病记录等。如果手续齐全，即可填写解剖登记。剖检工作应及时进行，以免组织自溶而影响结果的正确性。在解剖前负责剖检的病理专业人员要详细阅读送检单和发病记录，了解动物生前的病史，对临床诊断和死亡原因做到心中有数，以便于做出客观正确的诊断。必要时采用摄影记录，作为尸检客观记录的基础材料。

二、体表检查

体表检查从头部至四肢逐一进行，先称体重，测量体长，观察发育、营养状况；检查体表皮肤有无黄疸、出血点、疤痕、创口等，及其部位、大小；然后从头部开始，检查头皮有无出血、血肿，颅骨有无凹陷性骨折；被毛的颜色及长度、有无脱毛现象；眼睑皮肤有无水肿，结合膜有无充血和出血，巩膜是否黄染；鼻腔、口腔及外耳道有无溢液，其性质如何；角膜、耳、鼻、口腔有无溃疡；牙齿是否脱落，长度如何，口唇是否青紫；腮腺、甲状腺是否肿大；乳头有无溢液；腹部是否膨隆；四肢有无水肿，关节有无畸形或损伤；浅表淋巴结是否肿大。并做详细记录。

开始解剖时必须确定各种生命现象是否已经停止。死亡的客观指标是死后会出现尸冷、尸斑、尸僵等。

三、胸、腹腔检查

实验动物解剖既可采用“T”形切口，也可采用直线形切口，即从下颌至下腹部。下面以“T”形切口为例说明胸、腹部检查的方法。首先切开皮肤和皮下组织，然后将胸壁皮肤连同皮下组织自胸部中线起剥离至腋前线。剥离时左手捏住皮肤肌肉向外侧拉，右手持刀把胸骨和肋骨上的软组织完全剥离掉，刀刃向下贴近骨头容易将软组织剥离干净。切开腹部皮肤、皮下组织和肌肉时用力不可过猛，尤其是在剖检大、小鼠等啮齿类实验动物时，其皮肤、肌层较薄，应把握好力度，以免损伤腹腔脏器。打开腹膜前应注意皮肤的弹性、皮下组织有无水肿、脂肪的厚度等。

进行胸部检查时，如怀疑有气胸，应先检查有无气胸，然后再开胸。取下胸骨后，检查胸腔内有无液体，注意液体的性质及数量并记录。观察胸腔内各器官的位置、颜色、大小和彼此间的关系，探查左、右肺有无粘连。检查心包腔内有无积液，观察其性质和数量。异常心包液作涂片和细菌学检查。观察心包膜有无出血点，心包的脏层和壁层有无粘连，还要注意纵隔内器官位置关系有无异常。

打开腹腔后，首先检查腹腔内有无积液，并注意积液的性质及数量，必要时作细菌学检查。检查腹腔内脏的位置，相互间有无粘连。胰腺有无出血、胰腺和周围脂肪组织有无坏死。观察肝脏、脾脏的大小，膀胱是否充盈等。对于有胆囊的动物，可剪开十二指肠，找到胆管在十二指肠处的开口，然后挤压胆囊，检查胆管是否通畅。

四、内脏器官的采集

内脏器官的取出有两种方法：①各脏器分别取出法，此方法是病理解剖最常用的基本方法；②多脏器联合取出法，这种方法比较简便，而且可以保持各器官的完整性，容易查看病变和脏器间的相互关系。

第二节　腹腔解剖及脏器采集

尸体取背卧位，从剑状软骨后方沿白线由前向后，直至耻骨联合作第 1 切线，然后再从剑状软骨沿左右两侧肋骨后缘至腰椎横突作第 2、3 切线，把皮肤、腹壁肌肉和/或脂肪层逐层切开，使腹壁切成两个大小相等的楔形，将其向两侧翻开。用刀尖将腹膜切一小口，将弯镊的弯头插入腹腔内，使肠管和腹膜之间有一空隙，将刀尖夹于镊子两臂之间，刀刃向上，沿上述切线切开，即可露出腹腔。

(1)脾脏的采出：徒手或用无齿镊轻轻夹住脾头并向外牵引，使其各部韧带保持紧张，切断脾肾韧带、脾膈韧带、脾胃韧带和脾的动静脉，然后将脾脏取出。脾脏的采出一般在肠的采出之前进行，特别是在脾有明显病变时。

如果是大、小鼠等小动物，可将肠道一次性取出。在胃和十二指肠之间作二重结扎，并在结扎间剪断肠管；把直肠内粪便向头侧挤压，在直肠末端作一次结扎，并在结扎后方切断直肠，即可将肠道全部取出。

在猪、犬及猴等大动物，肠管需分段采出。

(2)空肠和回肠的采出：将结肠向动物的左侧牵引，盲肠拉向右侧，显露回盲韧带与回肠。在离盲肠约 10 cm 处，将回肠作二重结扎切断。然后握住回肠断端，用剪刀切离回肠、空肠上附着的肠系膜，直至十二指肠空肠曲，在空肠起始部作二重结扎并切断。取出空肠和回肠。

(3)大肠的采出：在骨盆腔口分离出直肠，将其中粪便挤向头侧作一次结扎，并在结扎后方切断直肠。从直肠断端向前方切离肠系膜，至前肠系膜根部。分离结肠与十二指肠、胰腺之间的联系，切断前肠系膜根部血管、神经和结缔组织，以及结肠与背部之间的联系，即可取出大肠。

(4)胃和十二指肠的采出：先切断食道末端，将胃牵引，切断胃肝韧带、肝十二指肠韧带、胆管、胰管、十二指肠系膜，以及十二指肠与右肾间韧带，使胃与十二指肠一同采出。

(5)肾脏和肾上腺的采出：若输尿管有病变时，应将整个泌尿系统一并采出，否则可分别采出。切断和剥离肾脏周围的浆膜和结缔组织，切断其血管和输尿管，即可采出。肾上腺可与肾脏同时采出，也可分别采出。

(6)肝脏和胰腺的采出：切断肝脏与横隔膜相连的左三角韧带，再切断圆韧带、镰状韧带、后腔静脉和冠状韧带，最后切断右三角韧带，采出肝脏。胰腺可附于肝脏一同采出，或先自肝脏分离取出。

第三节　胸腔解剖及脏器采集

胸腔的剖开有两种方法。一种是从两侧最后肋骨的最高点至第 1 肋骨的中央部作第 2 锯线，锯开胸腔，用刀切断横膈附着部、心包、纵隔与胸骨间的联系，除去锯下的胸壁，即露出胸腔。另一种剖开胸腔的方法，是用刀切断两侧肋骨与肋软骨的结合部，再切离其他软组织，除去胸壁腹面，胸腔即可露出。

为观察咽喉头、气管、食道和肺之间病变的相互联系，可把口腔、颈部器官和肺脏一同采出。但在小型猪、犬和猴等体型较大动物一般都采用口腔与颈部器官和胸腔器官分别采出法。

(1)心脏的采出：切开心包，露出心脏，切断与心脏相连之动静脉，即可把心脏取出。

(2)肺脏的采出：先切断纵隔的背侧部与胸主动脉，然后在横膈的胸腔面切断纵隔、食道和后腔静脉，在胸腔入口处切断气管、食道、前纵隔和血管、神经等。牵引气管，可将肺脏采出。当肺脏与胸膜发生粘连时，应先检查再将粘连分开。

胸主动脉可单独采出，或与肺脏同时采出。必要时胸主动脉可与腹主动脉一并分离采出。

第四节　盆腔解剖及脏器采集

盆腔脏器的采出法有两种，一种是不打开骨盆腔，只伸入刀具，将骨盆中各器官自其周壁分离后取出。另一方法为先打开骨盆腔，即先锯开骨盆联合，再剪断头侧髂骨体，将骨盆腔的左壁分离后，再切离直肠与骨盆腔上壁的结缔组织。雌性动物要切离子宫和卵巢，再由盆腔下壁切离膀胱和阴道，在肛门、阴门作圆形切离，即可取出盆腔脏器。在雄性动物，将睾丸、附睾连同精索经扩大的腹股沟管内口，从阴囊拉到腹腔内并切断与阴囊相连的睾丸引带。用剪刀自耻骨联合内侧面逐次剪开盆腔腹膜外的软组织，把膀胱、前列腺及尿道后部相连的组织剥离，最后将睾丸、附睾、精索和膀胱、前列腺一起取出。

第五节　口腔和颈部解剖及脏器采集

在第 1 臼齿前下方锯断下颌支，将刀插入口腔，由口角向耳根，沿上下臼齿间切断颊部肌肉。将刀尖伸入颌间，切断下颌支内面的肌肉和后缘的腮腺等。最后切断冠状突周围的肌肉与下颌关节的囊状韧带。将下颌骨向后上方提举，下颌骨即可分离取出，口腔显露。此时以左手牵引舌尖，切断与其联系的软组织、舌骨支，然后分离咽喉头、气管、食道周围的肌肉和结缔组织，即可将口腔和颈部的器官一并采出。

当动物尸体处于仰卧位时，口腔器官的采集也可由两下颌支内侧切断肌肉，将舌从下颌间隙拉出，再分离其周围的联系，切断舌骨支，即可将口腔器官整个分离。然后按上法分离颈部器官。

个别情况下为观察咽喉头、气管、食道和肺之间病变的相互联系，可采用如下方法把口腔、颈部器官和肺脏一同采出：用尖刀自颈部切口插入下颌骨正中的内侧缘，沿下颌骨内侧缘分别向两侧割离舌及口腔底下下颌骨间的连系。随后一手用组织钳自切口伸入口腔内夹住舌尖，并将舌向下拉出口腔，以暴露软硬腭；另一手执刀，在软硬腭交界处把软腭切断，再将咽后壁切断，这样便将舌、扁桃体、软腭、咽部等组织与口腔壁及咽壁分离。再将气管及食管等与周围组织及脊柱相连系处分离，直达胸腔入口为止。在胸腔入口处切断锁骨下动脉及颈总动脉等，将口腔及颈部器官连同心肺一起向下牵拉，用刀将胸腔器官与脊柱相连的软组织分离，直达横膈为止。用止血钳在横膈的胸腔侧夹住主动脉、下腔静脉及食管，在止血钳夹住的上端剪断，即可将上消化道(舌、扁桃体、咽、食管)、上呼吸道(喉、气管和支气管)连同心脏及肺脏一起取出。

第六节　脑的解剖及采集

将动物腹卧，下颌和颈部放于木枕上，用刀从顶部正中线切开皮肤(沿颅顶直至鼻尖)，分离皮下组织并向头两侧拉开，充分暴露头颅顶和颈部。用刀将附着在头颅和颈部脊骨上的肌肉尽量剥离干净。用骨钳在眼眶前缘连接处剪开，再沿两侧颞部剪开颅骨，撬开颅盖骨，使头盖与硬脑膜分开。取下颅盖后，硬脑膜已露出大部分，然后将头倒立，从颈部脊骨处开始剥离脑，利用脑的自重连同脑垂体将整个脑取出。

对于犬、猪、猴等大动物，颅骨较厚，先从第1颈椎部横切，取下头部。清除头部的皮肤和肌肉，先在两侧眶上突后缘作一横锯线，从此锯线两端经额骨、顶骨侧面至枕嵴外缘作二平行的锯线，再从枕骨大孔作一“V”形锯线与二纵锯线相连。此时将头的鼻端向下立起，用锤敲击枕嵴，即可揭开颅顶，露出颅腔。沿锯线剪开硬脑膜，然后用剪刀或外科刀将颅腔内的神经、血管切断，细心地取出大脑、小脑，再将延脑和垂体取出。

第十五章　动物实验废弃物的无害化处理

实验动物设施产生的废弃物主要包括污水、污物、废气和动物尸体等。这些都必须按照国家有关环境保护的规定进行妥善处理。做到废物的减量化、资源化和无害化，以达到不污染环境的目的。

第一节　实验废物的无害化处理

一、国家法规和行业标准

为保护和改善生活环境与生态环境，防治污染和其他公害，保障人体健康，促进经济社会可持续发展，全国人大颁布了《中华人民共和国环境保护法》，明确提出采取有效措施，防治在生产建设或者其他活动中产生的废气、废水、废渣、粉尘、恶臭气体、放射性物质以及噪声、振动、电磁波辐射等对环境的污染和危害。

为改善环境空气质量，防治大气污染，防止生态破坏，创造清洁适宜的环境，全国人大颁布了《中华人民共和国大气污染防治法》，国家还制订了 GB 16297—1996《大气污染物综合排放标准》，对废气的排放进行了严格的规定。

为防治水污染，保护和改善环境，保证水资源的有效利用，全国人大颁布了《中华人民共和国水污染防治法》，国家还制定了 GB 8978—1996《污水综合排放标准》。对污水的排放进行了严格的规定。

为了防治固体废物污染环境，全国人大颁布了《中华人民共和国固体废物污染环境防治法》。固体废物，是指在生产、生活和其他活动中产生的丧失原有利用价值或者虽未丧失利用价值但被抛弃或者放弃的固态、半固态和置于容器中的气态的物品、物质以及法律、行政法规规定纳入固体废物管理的物品、物质。生活垃圾，是指在日常生活中或者为日常生活提供服务的活动中产生的固体废物以及法律、行政法规规定视为生活垃圾的固体废物。危险废物，是指列入国家危险废物名录或者根据国家规定的危险废物鉴别标准和鉴别方法认定的具有危险特性的固体废物。同时强调从事动物养殖应当按照国家有关规定收集、贮存、利用或者处置养殖过程中产生的粪便，防止污染环境。

为了加强医疗废物的安全管理，防止疾病传播，保护环境，保障人体健康，国务院于 2003 年颁布了《医疗废物管理条例》。医疗废物，是指医疗卫生机构在医疗、预防、保健以及其他相关活动中产生的具有直接或者间接感染性、毒性以及其他危害性的废物。并明确提出医学科研、教学活动中产生的具有直接或者间接感染性、毒性以及其他危害性的废物管理纳入本条例管理。卫生部和国家环保总局联合下发了《医疗废物分类目录》(表 15-1)。

表 15-1　医疗废物分类目录

类别	特征	常见组分或者废物名称
感染性废物	携带病原微生物，具有引发感染性疾病传播危险的医疗废物	1. 被病人血液、体液、排泄物污染的物品，包括棉球、棉签、引流棉条、纱布及其他各种敷料；一次性使用卫生用品、一次性使用医疗用品及一次性医疗器械；废弃的被服；其他被病人血液、体液、排泄物污染的物品 2. 医疗机构收治的隔离传染病病人或者疑似传染病病人产生的生活垃圾 3. 病原体的培养基、标本和菌种、毒种保存液 4. 各种废弃的医学标本 5. 废弃的血液、血清 6. 使用后的一次性使用医疗用品及一次性医疗器械视为感染性废物
病理性废物	诊疗过程中产生的人体废弃物和医学实验动物尸体等	1. 手术及其他诊疗过程中产生的废弃的人体组织、器官等 2. 医学实验动物的组织、尸体 3. 病理切片后废弃的人体组织、病理蜡块等
损伤性废物	能够刺伤或者割伤人体的废弃的医用锐器	1. 医用针头、缝合针 2. 各类医用锐器，包括解剖刀、手术刀、备皮刀、手术锯等 3. 载玻片、玻璃试管、玻璃安瓿等
药物性废物	过期、淘汰、变质或者被污染的废弃的药品	1. 废弃的一般性药品，如抗生素、非处方类药品等 2. 废弃的细胞毒性药物和遗传毒性药物，包括：致癌性药物，如硫唑嘌呤、苯丁酸氮芥、萘氮芥、环孢霉素、环磷酰胺、苯丙氨酸氮芥、司莫司汀、三苯氧氨、硫替派等；可疑致癌性药物，如顺铂、丝裂霉素、阿霉素、苯巴比妥等；免疫抑制剂 3. 废弃的疫苗、血液制品等
化学性废物	具有毒性、腐蚀性、易燃易爆性的废弃的化学物品	1. 医学影像室、实验室废弃的化学试剂 2. 废弃的过氧乙酸、戊二醛等化学消毒剂 3. 废弃的汞血压计、汞温度计

注：一次性使用卫生用品是指使用一次后即丢弃的，与人体直接或者间接接触的，并为达到人体生理卫生或者卫生保健目的而使用的各种日常生活用品。一次性使用医疗用品是指临床用于病人检查、诊断、治疗、护理的指套、手套、吸痰管、阴道窥镜、肛镜、印模托盘、治疗巾、皮肤清洁巾、擦手巾、压舌板、臀垫等接触完整黏膜、皮肤的各类一次性使用医疗、护理用品。一次性医疗器械指《医疗器械管理条例》及相关配套文件所规定的用于人体的一次性仪器、设备、器具、材料等物品。医疗卫生机构废弃的麻醉、精神、放射性、毒性等药品及其相关的废物的管理，依照有关法律、行政法规和国家有关规定、标准执行。

二、污水的无害化处理

实验动物设施污水较一般生活污水排放情况复杂。污水来源及成分复杂，有动物排泄的粪尿，有洗刷动物笼具的废水，有用于消毒实验动物设施的废的各种消毒剂，有在动物实验中使用的有毒、有害的化学污染物等。不经有效处理会严重污染环境。

(一)实验动物设施污水处理原则

(1)全过程控制原则。对污水产生、处理、排放的全过程进行控制。

(2)减量化原则。严格设施内安全管理体系，在污水和污物发生源处进行严格控制和分离，生活污水与动物实验排放污水分别收集，即源头控制、清污分流。

(3)严禁将设施内的污水和污物随意弃置排入下水道。

(4)就地处理原则。为防止污水输送过程中的污染与危害,在设施设计时就必须考虑处理。

(5)生态安全原则。有效去除污水中有毒有害物质,减少处理过程中消毒副产物产生和控制出水中过高余氯,保护生态环境安全。

(二)实验动物设施污水处理要求

动物实验设施污水处理主要包括污水的预处理、物化或生化处理和消毒三部分。为防止病原微生物的二次污染,对污水处理过程中产生的污泥和废气也要进行处理。

1.预处理

污水进行预处理的主要目的是去除污水中的固体污物,调节水质水量和合理消纳粪便,利于后续处理。

(1)化粪池:用于污水处理的化粪池主要有普通化粪池和沼气净化池。普通化粪池和沼气净化池的原理是通过沉淀的作用先将有机固体污染物截留,然后通过厌氧微生物的作用将有机物降解。沼气净化池处理效率优于普通化粪池。化粪池的沉淀物和腐化部分的计算容积,应按《建筑给水排水设计规范》确定。污水在化粪池中停留时间不宜小于 36 h。对于无污泥处置的污水处理系统,化粪池容积还应包括贮存污泥的容积。

(2)预消毒池:预消毒的目的是降低污水中病原微生物的含量以减少操作人员受到病原微生物感染的机会。实验动物的排泄物进行预消毒后排入化粪池。预消毒池的接触时间不宜小于 0.5 h。常用的消毒剂有次氯酸钠、过氧乙酸和二氧化氯等,粪便消毒也可采用石灰。生化处理宜采用加氯进行预消毒则需进行脱氯,或采用臭氧进行预消毒。

(3)格栅:在污水处理系统或水泵前宜设置格栅,格栅井与调节池可采用合建的方式。格栅宜选用自动机械格栅;小规模可根据实际情况采用手动格栅。格栅井应密闭,设置通风罩,收集废气以进行集中处理;栅渣与污水处理产生污泥等一同集中消毒,外运焚烧。消毒可采用巴氏蒸汽消毒或投加石灰等方式。

2.生物处理

实验动物设施污水采用生物处理,一方面是降低水中的污染物浓度,达到排放标准;另一方面可保障消毒效果。生物处理工艺主要有活性污泥法、生物接触氧化法、膜-生物反应器、曝气生物滤池和简易生化处理等。

(1)活性污泥法:活性污泥法是以悬浮生长的微生物在好氧条件下对污水中的有机物、氨氮等污染物进行降解的废水生物处理工艺。其特点是:活性污泥工艺的优点是对不同性质的污水适应性强,建设费用较低;活性污泥工艺的缺点是运行稳定性差,容易发生污泥膨胀和污泥流失,分离效果不够理想。

(2)生物接触氧化工艺:生物接触氧化工艺采用固定式生物填料作为微生物的载体,生长有微生物的载体淹没在水中,曝气系统为反应器中的微生物供氧。由于生物接触氧化法的微生物固定生长于生物填料上,克服了悬浮活性污泥易于流失的缺点,在反应器中能保持很高的生物量。其工艺特点是:生物接触氧化法对冲击负荷和水质变化的耐受性强,运行稳定;生物接触氧化法容积负荷高,占地面积小,建设费用较低;生物接触氧化法污泥产量较低,无须污泥回流，运行管理简单；生物接触氧化法有时脱落一些细碎生物膜，沉淀性能较差的造成出水中的悬浮固体浓度稍高，一般可达到 30 mg/L 左右。

(3)膜-生物反应器：膜-生物反应器(membrane bio reactor，MBR)是将膜分离技术与生物反应器结合在一起的新型污水处理工艺。根据膜分离组件的设置位置，可分为分置式 MBR 和一体式 MBR 两大类。其工艺特点是：MBR 工艺用膜组件代替了传统活性污泥工艺中的二沉池，可进行高效的固液分离，克服了传统工艺中出水水质不够稳定、污泥容易膨胀等不足；抗冲击负荷能力强，出水水质优质稳定，可以完全去除 SS，对细菌和病毒也有很好的截留效果；实现反应器水力停留时间(HRT)和污泥龄(SRT)的完全分离，使运行控制更加灵活稳定；生物反应器内微生物量浓度高，可高达 10 g/L 以上，处理装置容积负荷高，占地面积小，减小了硝化所需体积；有利于增殖缓慢的微生物的截留和生长，系统硝化效率提高；可延长一些难降解有机物在系统中的水力停留时间，有利于难降解有机物降解效率的提高；MBR 剩余污泥产量低，甚至无剩余污泥排放，降低了污泥处理费用。

(4)曝气生物滤池：曝气生物滤池(BAF)是生物膜处理工艺的一种。采用一种新型粗糙多孔的粒状滤料具有很大的比表面积，滤料表面生长有生物膜，池底提供曝气，污水流过滤床时，污染物首先被过滤和吸附，进而被滤料表面的微生物氧化分解。目前 BAF 已从单一的工艺逐渐发展成系列综合工艺，有去除悬浮物、COD、BOD、硝化、脱氮等作用。其工艺特点是：出水水质好。BAF 可去除污水中的悬浮物、COD、细菌和大部分氨氮，出水 SS 小于 10 mg/L。微生物生长在粗糙多孔的滤料表面，不易流失，对有毒有害物质有一定适应性，运行可靠性高，抗冲击负荷能力强。无污泥膨胀问题。BAF 容积负荷高于常规处理工艺，并可省去二沉池和污泥回流泵房，占地面积通常为常规工艺的 1/5～1/3。需进行反冲洗，反冲水量较大，且运行方式复杂，但易于实现自控。

(5)简易生化处理工艺：其工艺特点是沼气净化池利用厌氧消化原理进行固体有机物降解。沼气净化池的处理效率优于腐化池和沼气池，造价低，动力消耗低，管理简单。

3. 污水常用消毒技术

动物实验设施污水消毒是重要工艺过程，其目的是杀灭污水中的各种致病菌。污水消毒常用的消毒工艺有氯消毒(如氯气、二氧化氯、次氯酸钠)、氧化剂消毒(如臭氧、过氧乙酸)、辐射消毒(如紫外线、γ 射线)。对常用的氯消毒、臭氧消毒、二氧化氯消毒、次氯酸钠消毒和紫外线消毒法的优缺点进行了归纳和比较，见表 15-2。

表 15-2　实验动物设施污水常用消毒方法比较

消毒剂	优点	缺点	消毒效果
氯 (Cl_2)	具有持续消毒作用；工艺简单，技术成熟；操作简单，投量准确	产生具致癌、致畸作用的有机氯化物(THMs)；处理水有氯或氯酚味；氯气腐蚀性强；运行管理有一定的危险性	能有效杀菌，但杀灭病毒效果较差
次氯酸钠 (NaOCl)	无毒，运行、管理无危险性	产生具致癌、致畸作用的有机氯化物(THMs)；使水的 PH 值升高	与 Cl_2 杀菌效果相同
二氧化氯 (ClO_2)	具有强烈的氧化作用，不产生有机氯化物(THMs)；投放简单方便；不受 pH 影响	ClO_2 运行、管理有一定的危险性；只能就地生产，就地使用；制取设备复杂；操作管理要求高	较 Cl_2 杀菌效果好

续表 15-2

	优点	缺点	消毒效果
臭氧(O_3)	有强氧化能力,接触时间短;不产生有机氯化物;不受 pH 影响;能增加水中溶解氧	臭氧运行、管理有一定的危险性;操作复杂;制取臭氧的产率低;电能消耗大;基建投资较大;运行成本高	杀菌和杀灭病毒的效果均很好
紫外线	无有害的残余物质;无臭味;操作简单,易实现自动化;运行管理和维修费用低	电耗大;紫外灯管与石英套管需定期更换;对处理水的水质要求较高;无后续杀菌作用	效果好,但对悬浮物浓度有要求

三、污物的无害化处理

动物实验中的污物来自动物的废弃垫料,实验中用过的废绷带、纱布,一次性口罩、帽子、手套、输液器和注射器等。这些污物实行专人管理,对污物进行分类收集和处理。

(1)与实验关系不大,对环境无任何污染的废物单独分开,这些废物可以按生活垃圾处理。如运送动物的运输盒,将里面的废垫料清除干净,并用 2%的过氧乙酸喷洒消毒后,就可按生活垃圾处理掉,还有仪器设备的包装箱按生活垃圾处理等。

(2)手术刀片、注射器针头、输液器、玻璃分针等锐器用后放入锐器盒中,集中毁形后,按要求统一进行无害化处理。绝不可自行处理和随意扔掉。

(3)实验动物废垫料与实验废弃品要分开,不得混放。大量的动物废垫料可采用沼气净化池的方法进行处理,少量的动物废垫料直接装入专用垃圾袋中进行焚烧处理。

(4)一次性口罩、帽子等使用后应装入专用垃圾袋回收焚烧处理。

四、废气的无害化处理

实验动物设施动物实验中产生的废气来源几个方面:①化学消毒剂的挥发,如甲醛、戊二醛;②动物呼出的废气和排泄物产生的废气;③气体麻醉剂排出的废气(氧化亚氮、异氟烷、恩氟烷、乙醚);④高频电刀使用时散发出的气味;⑤试剂和样品的挥发物等。通常实验室中直接产生有毒、有害气体的实验都要求在通风橱内进行,并对这些气体进行无害化处理,这样做是保证室内空气质量、保护实验人员健康安全的有效办法,同时也减少了对环境的污染。实验室排出的其他废气必须经过无害化处理,达到国家允许的排放标准后,再利用通风设施排入大气。生物实验室产生的废气须经过高效过滤器过滤后,方可排出。

第二节　动物尸体和组织的无害化处理

动物实验过程中,会有废弃的动物和实验后的尸体或组织,这些都必须按照国家有关环境保护的规定进行妥善处理,以达到不污染环境的目的。

一、动物尸体及组织的无害化处理

实验结束后,活体动物应采用安死术处理,不得将动物的尸体随意丢弃或乱放,将动物尸体装入专用尸体袋中并存放在冰柜,实行统一管理,集中存放,定期焚烧。并认真填写登记记录,登记内容包括存放单位、存放人姓名、存放时间、动物种类、数量、是否被污染、污染物类型及程度等。实验后的动物尸体和组织装入专用尸体袋中，并写明标签，存放冰柜待统一焚烧。如实验过程中怀疑受试动物是因其他疾病死亡，应及时查明原因。动物尸体经消毒处理后装入尸体袋中，冷冻待焚烧处理。较大受试动物尸体需经过适当肢解后再进行焚烧。焚烧效果应以污物全部化为灰烬为标准。

二、感染废物的无害化处理

感染废物是指能传播感染性疾病的废物，实验室的废物可能对人类健康和生存环境造成影响，对实验人员和废物处理人员是重要的职业性有害物质。感染废物的管理应考虑对未来的影响，对职业及环境可能造成的危害及对实验室本身的影响，感染废物有以下四个特点：①含有致病能力的病原体；②病原体有足够的致病能力；③病原体有进入体内的入口；④易感宿主。

感染废物的无害化处理应做好以下工作：

1. 建立感染废物管理程序

(1)指定专人负责和协调感染废物的管理。

(2)确定感染废物的产生地以及废物的成分和数量。

2. 分类包装、分类处理

(1)锐利物品包括针、刀和任何可以穿破聚乙烯包装袋的物品应保存在有明显标记、硬质、防泄漏、防刺破的容器内，并在任何时候都应有“生物危害”标志，与其他废物分别存放。也可用中性戊二醛溶液浸泡 2 h 后，洁净水冲洗、沥干，再高压灭菌。

(2)一次性塑料制品如一次性采血器、一次性注射器用后及时毁形、消毒，薄膜手套用后放污物袋内集中进行高压灭菌。

(3)试验用的玻璃试管、吸管、玻片，分别浸入含有有效氯 1 000 mg/L 含氯消毒剂中浸泡 4 h，再清洗干净，烘干，也可浸入洗涤剂或肥皂液中煮沸 15～30 min，反复洗刷，沥干，37～60℃烘干。

(4)废弃标本如尿、胸水、腹水、脑脊液、唾液、胃液、肠液、关节液等每 100 mL 加漂白粉 5 g 或二氯异氰尿酸钠 2 g，搅匀后作用 2～4 h 倒入化粪池内；血、粪便及其他固形标本应进行焚烧或加 2 倍量漂白粉溶液或二氯异氰尿酸钠溶液，拌匀后作用 2～4 h；明确病源的标本应高压灭菌处理。

(5)盛标本的容器，如粪便盒等若为一次性使用纸质容器及其外面包装的废纸应焚烧；对可再次使用的玻璃、塑料或搪瓷容器，可煮沸 15 min，可用含 1 000 mg/L 有效氯的漂白粉澄清液或二氯异氰尿酸钠溶液浸泡 2～6 h，消毒液每日更换，消毒后用水洗净、沥干，用于微生物培养采样者，用压力蒸汽灭菌备用。

(6)试验用过的血清反应纸条、结核抗体反应板、酶标反应板、乙肝两对半反应卡等传染性较强的废物必须集中进行焚烧处理。

第十六章　动物实验的安全防护

第一节　概　　述

动物实验的安全防护就是实验人员在做动物实验过程中，通过在实验室设计建造、使用个体防护设置、严格遵从标准化的工作及操作程序和规程等方面采取综合措施，确保实验室工作人员和周围环境不受其污染。也就是在动物实验过程中可能对实验人员造成的危害和对公共环境造成的污染等各种不安全因素进行的防护。这些不安全因素有化学的，如化学危险品对人体的危害；有物理的，如火灾、触电、射线等对人体的危害；还有生物的，如病原微生物、感染性实验等。

一、建立安全管理组织

一个工作性质涉及生物安全问题的单位应该成立安全管理组织，由单位主管领导挂帅，其成员包括业务主管部门和实验室的领导。安全组织对本单位的安全负责，具有行政管理性质，其成员有明确分工和责任。安全组织应着重做好下列工作：

(1)安全管理组织应向单位领导提出明确的安全对策、安全法规、安全制度，审查下属各实验室制定的安全操作规程和程序。

(2)定期研究本单位的安全形势和下属对法规、操作规程执行情况，总结经验教训，并及时向领导汇报、作出评估。

(3)及时学习了解国内外生物安全的动态和新问题、新技术，并向有关人员介绍，使安全工作水平不断提高。

二、制定安全规章制度

无论实验室的规模大小，进行什么样的动物实验，都要重视实验室的安全工作，制定出各种安全操作规章制度。它的内容很多，包括各项操作的程序、方法、环境条件和个人着装，进出和通过制度，消毒灭菌制度和实验室安全用水制度等。对毒种保存、使用、销毁均要求有严格的批准手续和登记制度，并且要两人保管和操作。

实验室负责人应对实验室安全负有直接的和主要的责任，应具有扎实的医学生物学基础知识和生物危险的全面的专业知识和经验。特别对所从事的传染因子的传染性、致病性及其影响因素必须有透彻的了解。对下级人员进行系统严格的各项操作训练以保证安全和工作质量。

生物安全实验室或特殊临床实验室接受特殊的传染病的检验材料，要充分了解标本来源并按照最大可能危险确定操作中的安全防护水平。

对传染因子的运输和人类疾病媒介动物的运输要有严格密闭安全的包装和护送措施，特别对长距离跨区域或省际运输要遵守公共健康对外检疫规则，并设有鲜明的标记。一般国家有关部门都有严格的运输规定，以及禁止某些可能威胁国内畜禽和植物的外来微生物输入的法规。

对以上所提到的问题均需参照通用法律、法规作出本单位具体的、明确的和易于操作的文件，并使有关人员熟悉掌握。

三、贯彻安全规章制度

严格执行安全操作规程是实现微生物学环境控制的重要条件。操作规程应该采取一切措施使实验人员避免与传染性微生物其中包括未知特性致病微生物、基因工程微生物直接接触。避免操作中产生气溶胶。为此对传染性较强、毒性较大的微生物实验必须按着有关规定根据微生物危险度，在安全实验室内或高度安全实验室内进行。

四、实验人员的教育和管理

(一)实验人员的安全教育

动物实验的安全防护应列入实验人员的培训内容，对实验中各类不安全因素要有阐述，让实验人员掌握必要的防范技能。要经常对实验人员进行安全教育，不断提高安全意识，一旦出现突发事件，能够迅速冷静地避免和排除事故。

(二)实验人员的健康管理

动物实验环境中存在不少微生物和病原体可以感染人引起疾病；这些病原体由人体携带也可以传染给实验动物。来源于动物的气溶胶是一种漂浮在环境空气中的物理胶状颗粒，它所包含动物的排泄物、皮毛等对人都可能是致敏原。过高的氨气对人的呼吸道有较强的刺激。动物实验室的管理人员对上述有损健康的因素有责任加以控制，以免给工作人员健康造成威胁。在实验动物部门发生变态反应是最为常见的问题之一。有1/4的工作人员对动物饲养管理部门的动物灰尘、血液和粪便产生过敏反应。

关心实验人员的健康并进行严格管理是保证实验人员安全的基础。对每一个人要建立安全健康医务监督检查登记制度。有针对性地对上述危险因素应做好防护工作。

(1)实验人员上岗前除了技术培训外，必须进行健康检查，确认没有传染病(含微生物和寄生虫)和其他影响工作的疾病者才能上岗。

(2)工作中必须定期(半年或一年)进行健康检查。每日上班前测量并记录体温，超过37.5℃或有明显不适者不能进行实验。

(3)如果进行已知的传染性实验，要对工作人员进行特异性血清抗体检测并留存，以后要进行定期特异抗体检测，以便了解工作人员是否在工作中受到了感染。

(4)进行传染性特别是强传染性工作，有条件者要进行药物和血清抗体预防治疗或备用，有疫苗的要进行预防免疫。

(5)进行传染性特别是强传染性工作，要聘请或指定传染科专家对实验室工作人员进行医疗监督，一旦实验室感染能够进入指定医院或备用医疗病房进行有效治疗。

第二节　动物实验过程中的安全防护

一、人员的防护

要做好实验人员的防护工作，首先是要提高实验人员的自身素质，其次是要得到领导者的理解与支持，才能使预防措施贯彻到实际工作中。创造有利于自身防护的环境，如配备足够的防护装备，实验室常用的个人防护装备有护目镜、眼罩、口罩、面罩、工作帽罩、防毒面具、手套、工作服、防护服、隔离服、呼吸保护装置及正压气体供应工作服等。要正确使用防护装备，除了考虑选用的类型以外，还需考虑佩戴尺寸、个体防护装备的使用期限、舒适程度及清洁保养等因素。根据所做动物实验的性质，选择不同的防护装备，如在屏障设施内做大鼠和小鼠实验，实验人员在一更脱掉外衣，进行手消毒，换上拖鞋，进入二更穿上无菌隔离服，戴口罩、帽子和手套，经风淋后进入实验室。在进行微生物的操作时应在生物安全柜内进行，而不能在生物安全柜外进行。必须采取外部操作时，应戴口罩、护目镜、面罩或其他个体呼吸防护用品、防溅出的保护装置，保护脸部皮肤和黏膜。

每个实验间可设有洗手池，尽可能用流水洗手，最好设在出口处，养成勤洗手的习惯。应根据操作需要穿工作服，离开实验室时应脱去工作服并留在实验室内，严禁在实验室以外的场所穿工作服。

实验室内严禁存放个人用品，禁止在动物实验室内饮食。

二、感染动物的防护

(1)感染动物要按生物安全规定级别进行实验和存放。烈性传染病病原感染的动物要饲养在三级生物安全实验室内，并在三级生物安全柜里按规定操作。如果感染剂量不同最好分笼饲养，如果无条件隔离饲养，要按感染剂量大小顺序，把小剂量组放置在上风向。其他感染动物也要按这一原则进行，用非标准设备时要注意通风的方向必须是清洁区→半污染区→污染区。

(2)动物绝对不可外逃，防止野生动物如啮齿动物、蚊虫等进入实验室。

(3)污物处理。与感染动物接触的空气、水和其他污物都要经过净化处理。如果是烈性传染病病原感染动物，空气过滤必须用串联二次高效过滤器过滤。

第三节　安全操作技术

动物试验中涉及的技术操作种类很多，有关安全措施又往往细小琐碎，很难用规章制度一一列出，即使列出亦很难在短时间内全部掌握。因此，要使所有操作符合要求，主要在于平时养成和训练。现就一些常用技术操作的安全要求进行介绍。

一、注射器的使用

在用注射器取血或进行有关操作时，戴手套可以比较好地防止皮肤与各种污染物直接接触，但不能预防刺伤性感染。在普遍防御中，所有的血液都被认为是有传染性的，在下列情况必须戴手套:手有(任何)伤,因动物不合作有可能受到污染;用注射器注射微生物时也容易出现问题造成事故;由于操作不当误把液体注入体内常常可见。为此提出以下注意事项:

(1)针头必须牢固安装在注射器上,防止用力过大使注射时针头突然脱落产生气溶胶。最好使用带锁扣的针头与注射器。

(2)从带橡皮塞的瓶中抽取微生物悬液时,应该用棉球将瓶口与针头围住,以防止向内注入空气或拔出针头时产生的气溶胶逸出。

(3)抽吸微生物悬液时,尽量减少泡沫产生,推出气体时必须用棉球包住针头。吸有悬液的注射器的针头亦应用棉球包好,以防不慎推动针栓将悬液喷出。

(4)动物必须确实固定后才能注射,注射时要选择柔软部位;注射时受阻应改换部位或检查原因排除故障,不得过分用力推动针栓。

(5)在注射前后都应用碘酊消毒动物(或蛋壳)的注射部位,防止微生物悬液污染皮毛(或蛋壳)后产生气溶胶,或造成其他污染。

(6)操作者手的位置一定要保持在针头的后面,以防误伤。

(7)注射完毕,应将注射器针栓抽出并全部浸入消毒液内。

二、吸管的安全操作

(1)禁止用口吸吸管,可用橡胶乳头或特制橡胶吸球代替或用移液器。在将吸管插入乳头前检查吸管是否破裂或裂纹,如有弃之,以免划破手。

(2)吸管上口应塞有棉塞,以防不慎将微生物悬液吸出污染橡胶吸球。

(3)吸管中的液体应使其依靠重力沿容器壁流下,不得用力吹出。

(4)尽量不用吸管吹吸法混匀微生物悬液。必须使用时,应将吸管口置于液面下吹吸,勿使产生气泡。

(5)用过的吸管插入吸筒时应小心谨慎,勿将剩余菌液滴出,亦勿触及筒的边缘。消毒液应将吸管全部浸没,最好将吸管横放于扁平容器中,这样易使吸管全部浸在消毒液内。

三、菌(毒)种接种的安全操作

菌(毒)种浓度高,操作不当会造成严重污染,造成重大事故。在操作中丝毫不能大意。

(1)打开菌(毒)种管时应用挤干的酒精棉球围在安瓿颈部防止气溶胶散出。将安瓿颈部烧热,用冷的湿棉球使之突然破碎,可大大减少气溶胶的产生。菌(毒)种管打开,要有足够的时间使空气经棉塞进入安瓿后再将棉塞取走丢入消毒液中。取走旧棉塞后,烧灼安瓿口并放以新的灭菌棉塞。

(2)带螺旋盖培养瓶的瓶口易被培养物污染,开启时应以浸有消毒液的纱布包住盖子再旋转打开。

(3)琼脂平板要选用表面光滑的,表面过于粗糙的琼脂平板应废弃不用。

(4)接种环应用弹性小的金属丝制作,丝杆要短,环不宜过大。以接种环划种琼脂平板时动作要缓慢稳重。沾有菌液的接种环应在毛巾上吸干后再放到火焰上烧灼,以减少产生的气溶胶。为防止热接种环放入菌液中产生气溶胶,可用两个接种环轮换使用。

(5)接种后试管(或瓶)口应在火焰上烧灼 5 s 以杀灭污染于试管口的微生物。

(6)混匀微生物悬液时,用旋转式摆动代替左右摆动可减少气溶胶的产生,摇动时勿使悬液弄湿试管塞,最好在管塞外再包一层纸以防止气溶胶漏出。

四、离心物品的安全操作

传染性离心操作不当可产生大量的气溶胶,很容易造成吸入感染。有很大部分以往原因不明的实验室感染几乎都是气溶胶吸入的原因,其中离心产生的气溶胶最为严重。

(1)用离心管前应检查是否配套并有无破损,离心管过大或底端与套管脱空,都可造成离心管破碎事故,最好使用塑料离心管。

(2)检查离心机的转头,转换转头时应注意离心机转轴和转头的卡口卡牢。同时,离心管在装入转头前应进行平衡。

(3)用离心管时须把盖盖严,外壁不得有病原微生物污染,不要沿离心管壁倾倒微生物悬液,否则事后应消毒管壁。

(4)安放离心管前应将套管内留存的杂物如玻璃碎屑等清除干净,以免离心时损伤离心管。套管中可放少量的消毒液以减少离心管破碎时造成的污染。

(5)离心机转速应逐渐调整,不得突然加速或停止。

(6)由于离心后离心管内形成大量气溶胶,对于致病力较强的微生物应在操作箱内打开。

(7)离心传染性强的微生物时,离心机最好置于负压通风柜(橱)内,或采用有带负压罩的离心机。

五、放射性同位素实验室安全操作

从事放射同位素的实验人员,必须懂得其基本知识,必须经过辐射防护部门的培训合格后方能上岗。凡进入辐射性同位素的实验人员,须穿戴个人防护服、鞋等。在实验室内不得随意脱去,在其气溶胶的工作中,佩戴高效防护口罩,不得随意脱掉。

第四节　意外损伤的防护

一、外伤的防护

在动物实验工作中外伤防护是安全工作的一个重点,应做好外伤的防护。

(1)设施表面划伤。实验室各种表面,含门、窗(把手)、墙(角)尽可能做成圆弧状,不可有锐利的棱角,以防划伤皮肤。

(2)动物笼架和一切用具(如犬链猴链)应做得光滑、无刺无锐。

(3)操作中避免动物咬、抓伤,一旦发生及时处理,包括预防治疗。做好个人防护,包括安全防护帽、眼镜、手套、服装、鞋袜等。对使用手套还有下列建议:与消毒的动物皮肤接触用消毒手套,用作动物检查包括与皮肤、黏膜接触和其他诊断目的,除非有另外要求,手套一般不必消毒;检查多个动物要换手套;如果重复使用必须消毒处理。

(4)传用注射针头、手术刀、锐利的器械和仪器时应小心,避免受伤。不要用手装卸针头和直接处理用过的针头和锐利器具。

二、化学品的防护

危险化学品存在着爆炸、燃烧、中毒、腐蚀、放射等特点。如果处理不当，在运输、使用和贮存过程中就会酿成巨大灾难。所以要按操作规程进行相对应的安全防护，如佩戴个人安全防护眼镜、手套等。

1. 爆炸品

爆炸品很多，如硝酸甘油、苦味酸遇到高温、摩擦、冲击或与有的物品接触即发生急剧化学反应，产生大量气体和热量而爆炸。因此，要贮存在少人、荫凉、通风良好的地方；在运输使用中尽量少量操作，避免明火、摩擦、冲击等。再如，具有强烈氧化性能的氯酸钾和高锰酸钾，遇到酸和某些有机物而混合或经摩擦撞击和受高温即引起燃烧爆炸。还如，压缩气体和液化气体，因撞击和受热会引起燃烧爆炸。

2. 自燃易燃品

自燃易燃品即使无明火接触，但在适当温度下也能进行化学反应放出热量，达到燃点而发生燃烧，如黄磷、硝化纤维胶片。易燃品如乙醚、乙醇在常温下是液态，极易挥发为蒸汽，遇火能引起燃烧爆炸。又如赤磷、硫黄和硝化纤维是固态，燃点较低，受热或冲击、摩擦及与氧化剂接触时能引起急剧的连续的燃烧爆炸。还如，金属钠和钾等受潮易分解，放出易燃气体，放出热量引起燃烧。

3. 腐蚀品

此类化学品如强酸、强碱类和溴、酚等具有强烈的腐蚀性，接触人体和其他物品可造成损伤和破坏，甚至引起燃烧和爆炸，造成伤亡。

4. 危险品的保管

在危险品保管中防火和防爆的基本方法是：防止易燃气体、易燃物蒸汽与空气混合，消除可引燃的火源，阻止火灾和爆炸的扩展，并做到以下几点。

(1)熟悉特性。有针对性地深入了解其沸点、闪点、自燃点、爆炸界限和化学反应等特性，同时要了解灭火的方法。

(2)分类保管。危险品应按其理化性质和危险程度，按消防法分别分库保管，即互相接触能引起燃烧或爆炸者不能同库贮藏。如强烈氧化剂与易燃品、氧气与易燃品不能保存在一起。

(3)包装严密。包装容器必须坚固、耐压、耐火、耐腐，封口要严密，不应有液体渗出和挥发。

(4)通风降温。室内要有通风设备，如无条件，一定要开窗通风。

(5)严禁明火。库内不得安火炉，不得吸烟，库附近不得有烟火。

(6)防爆装置。库房的照明和电器应隔离、封闭防爆型，电线不得用明线，电开关在室外。

(7)耐火建筑。库房应由耐火专用材料建筑，与周围建筑保持一定的安全防火距离。

(8)消防设施。库房门外应有足够相应的消防设备，并熟悉其使用方法，经常检查维护。通道通畅，进出、取水方便。

(9)安全操作。搬运轻拿轻放，防止震动、摩擦、挤压和倾斜。开箱和分装应有专室。

三、剧毒药品的防护

剧毒品如氰化物、三氯化二砷、有机汞、有机磷等具有强烈毒性，少量侵入人体即可造成死亡。所以，对其要严格按操作规程进行保存、使用，一般实验室不宜中长期保存剧毒药物，实验完成后剩余药物及时将其交保管中心保存。在实验室使用期必须由二人持钥匙共同保管，同时到场取用。对原有量和使用量进行准确记录。有皮肤损伤者尽量不操作传染性和剧毒药物。非操作不可，必须加倍做好个人防护。还有一种有毒品，如氯化钡、滴滴涕、敌百虫等因误食或接触皮肤侵入机体也常常使人畜中毒，在使用中也要注意。

四、辐射和紫外线的防护

1. 紫外线防护

紫外线灯是生物医学经常使用的空气和表面消毒手段。同时，紫外线照射过多对人体也有害处，如皮肤和眼睛损伤、致癌等。所以，使用中必须加以防护。一般实验室操作不必开启紫外线灯，必要开者必须是无臭氧的并做好个人防护，不要有裸露的身体表面，必须佩戴防紫外线眼镜。有些物品如橡胶类受到过多的紫外线照射就会破坏，对类似易损物品和仪器在开启紫外线灯时应用报纸遮盖。

2. 放射性药品

放射性药品如^{60}Co能不断地自动放出肉眼看不见的 α、β、γ 等射线，人体受到过量的照射，会引起放射病。感光材料和有的药物受到照射后会变质。所以对放射药物，要按国家标准规定保存和使用。在前面我们已经提到放射性实验动物污染防护的设施、设备、实验操作等问题。以下从管理角度强调：

(1)凡是从事放射性工作的人员必须了解放射防护的基本知识，必须经过放射防护部门的考核合格后方可上岗。

(2)做好工作人员的医疗监督，建立工作人员健康状况档案，特别要定期对其与放射病有关的生理指标进行监测，发现问题立刻停止接触放射性工作并进行及时治疗。

(3)坚决贯彻国家法规和各项规章制度，严格操作程序。

(4)做好个人防护。皮肤破损、血红蛋白和白血球偏低或过高、慢性肝肾疾病以及有某些器质性功能性疾病的人不得从事放射性工作。凡进入放射性同位素实验室，必须穿戴有相应防护功能的个人防护服。在放射性实验室内不得随意脱去内层工作服和工作鞋等。在发尘和有气溶胶产生的操作中不得随意摘去口罩。放射区和非放射区的鞋不得通用。放射性工作人员应认真做好个人防护用品的保管、放射性监测和除污染工作，严格防止交叉污染。在放射区不准放置无关的非放射性物品和个人用品。放射区内，工作人员不得随意丢弃非放射性废物，不准吸烟、喝水和进食，不准随便坐、靠、摸和其他可能造成体表和工作服污染的动作。

(5)做好放射性废物处理。

(6)做好放射性沾染的清除。凡人员体表、个人防护用品、实验用品、地面和墙面等受到放射性沾染，都必须清除直到低于表面沾染水平控制值，并达到尽可能低的水平，不致发生污染转移和扩散。

2010.
[31] 日本实验动物协会.实验动物基础技术Ⅰ总论 .东京:丸善株式会社,1988.
[32] 日本实验动物协会.实验动物基础技术Ⅱ各论.东京:丸善株式会社,1989.
[33] 王荫槐.实验动物与动物实验.北京:中国建材工业出版社,1999.
[34] 陈怀涛,许若仁.兽医病理学.北京:中国农业大学出版社,2005.
[35] 黄文方,刘华.实用医学分析技术与应用.北京:人民卫生出版社,2002.
[36] 林德贵.犬猫疾病诊疗大全.北京:中国农业出版社,2005.